なるにはBOOKS
補巻26

ゲーム業界で働く

小杉眞紀　山田幸彦　著

ぺりかん社

はじめに

「ゲーム」とひと口にいっても、囲碁やチェスといった実際に盤上で行うボードゲームから、スポーツ、そして、市販のゲーム機やスマートフォン、パソコンといった機器を使用して楽しむ「コンピューターゲーム」などが存在します。この本では後者の「コンピューターゲーム」を「ゲーム」と表記しています。そして、そのゲームをつくるゲーム業界とは、どんなところか、どんな勉強をすればゲーム業界で仕事ができるようになるのかということを紹介していきます。

１９７０年代後半から一般的になってきたゲーム。最初はインベーダーゲームなど、ひとつのゲーム機でひとつのゲームしかできず、喫茶店などに置いてある機械が主流でした。それが、今では、家庭で手軽にインターネットをつないで、世界中の人といっしょにゲームをすることができるようになりました。また、ゲームソフトの種類や遊び方も多様化し、日常ではお目にかかれない未知の世界や、さまざまな遊びを教えてくれるゲームは、映画や小説などと同様に、世界中の人びとから愛されるエンターテインメントになっています。

今や家庭用ゲーム機を使ったゲーム、ゲームセンターなどにあるカーレーシング、ガンシューティング、ダンスなどアトラクション的なゲーム、ＰＣ上で遊べるもの、ＶＲを活用したもの、eスポーツの誕生(たんじょう)など、時とともにゲームの形は多岐(たき)にわたり、それにつれて、ゲーム業界に入ることを夢見る人も増えています。

ゲームから忘れられない思い出をもらった人、最新技術で描(えが)かれる未知の世界のとりこになった人、こんなソフトをつくりたい！　という理想像をもつ人……。ゲーム業界をめざす理由はさまざまでしょう。ゲーム業界には多様な職種があるので、絵を描(か)くのが好きな人はイラストレーターとして、企画(きかく)することが得意な人はプロデューサーやディレクターとしてなど、自分の得意分野を活かすこともできます。

この本では、ゲーム業界の構造から、ゲームができるまでの工程はもちろん、ゲーム開発をまとめるディレクターから製品のチェックを行う品質管理に至るまで、ゲームにかかわる人たちの生の声をまとめました。また、大学や専門学校を卒業する、アルバイトから始めるなど、さまざまなゲーム業界の入り口についても紹介(しょうかい)しています。ゲーム業界を将来の進路に考えている人にとっての道しるべとなれば幸いです。

この一冊が、ゲーム業界の楽しさ、難しさ、そしてやりがいを知り、ゲーム業界へと入るきっかけになることを願っています。

小杉眞紀(こすぎまき)・山田幸彦(やまだゆきひこ)

ゲーム業界で働く　目次

[1章] ゲーム業界を知ろう!

[2章] ドキュメント ゲームを生み出すプロフェッショナル!

[3章] ドキュメント ゲームづくりとつながる人たち

［4章］なるにはコース

※本書に登場する方々の所属等は、取材時のものです。

［装幀］図工室　［カバーイラスト］カモ　［本文写真］編集部

「なるにはBOOKS」を手に取ってくれたあなたへ

「働く」って、どういうことでしょうか?

「毎日、会社に行くこと」「お金を稼ぐこと」「生活のために我慢すること」。

どれも正解です。でも、それだけでしょうか? 「なるにはＢＯＯＫＳ」は、みなさんに「働く」ことの魅力を伝えるために１９７１年から刊行している職業紹介ガイドブックです。

この巻は４章で構成されています。

［1章］仕事の世界 職業の成り立ちや社会での役割、必要な資格や技術などを紹介します。

［2・3章］ドキュメント 今、この職業に就いている先輩が登場して、仕事にかける熱意や誇り、苦労したこと、楽しかったこと、自分の成長につながったエピソードなどを本音で語ります。

［4章］なるにはコース なり方を具体的に解説します。適性や心構え、資格の取り方、進学先、将来性などを参考に、これからの自分の進路と照らし合わせてみてください。

この本を読み終わった時、あなたのこの職業へのイメージが変わっているかもしれません。

「やる気が湧いてきた」「自分には無理そうだ」「ほかの仕事についても調べてみよう」。

どの道を選ぶのも、あなたしだいです。「なるにはＢＯＯＫＳ」が、あなたの将来を照らす水先案内になることを祈っています。

1章

ゲーム業界を知ろう！

ゲーム業界ってどんなところ?

1本のゲームにたくさんの人たちの力が結集されている

ゲームにかかわる人や企業

昨今では、自分でオリジナルのゲームを簡単につくることができるソフトもあります。昔よりも個人でゲーム制作を楽しむこともできますが、一般的に、商品として売られているゲームの制作現場では、さまざまな人が力を結集し、数カ月から数年をかけて、1本のゲームをつくっていきます。

また、つくったゲームを商品として流通させるには、いろいろな職種の人がたずさわっています。

ほとんどの場合、ゲームは一人でつくるものではありません。大まかに、以下のような仕事の人たちの力を集めることで、ゲームはつくられていきます。

ゲームをつくる！ 開発する人たち

・まとめる人

ゲーム開発のプロジェクトをまとめ、指示を出していく人は、「プロデューサー」「ディレクター」にあたります。プロデューサーがお金に関する責任を取る立場、ディレクターが作品の現場を統括し、実際の制作に関する指示を出す人です。ですが、それは一般的な場合で、なかには現場での制作に強い能力を発揮するプロデューサーや、プロデュースに長けたディレクターもおり、その仕事の仕方も会社や人によってさまざまです。ほかには、「プロダクションマネジャー」という、開発現場のスケジュール管理などを行う専門の部署が存在する会社もあります。

・お話をつくる人

ゲームには、映画などと同様に、ストーリーを書く「シナリオライター」がいます。ディレクターなどの要望に沿って、シナリオの構成を考え、登場するキャラクターたちの台詞を書くなどといった作業も行います。ディレクターが、みずからシナリオを手がけるケースも存在します。

・絵を描く人

ディレクターなどが出す要望に沿って、キャラクターのデザインを考え、描いていく「キャラクターデザイナー」、人以外のモンスターなどを描く「モンスターデザイナー」、ほかにも武器のデザインをする人など、絵のスキルが活かせるさまざまな仕事があります。

・画面をつくる人

デザイン画のキャラクターなど、ゲーム中に登場するあらゆる物体をつくる「モデリングスタッフ」や、それに動きをつける「アニメーター」、雨や火花といった〝エフェクト（効果）〟をつくるスタッフなど、いろいろな工程を経て私たちが目にするゲーム画面がつくられています。

・音をつくる人

作品や場面の雰囲気や意図を汲み、シーンに合わせた音楽をつくる「作曲家」、足音から動物の

キャラクターデザインを主に手がける板鼻利幸さんのイラスト

鳴き声のようなものまで、さまざまな効果音をつくる音響スタッフなど、ゲームの音づくりには多くの人がかかわっています。

・遊びのアイデアを考える人

ゲームのルールを〝仕様書〟にまとめる「プランナー」(ゲームデザイナーとも呼ばれます)や、ユーザーを楽しませるマップの配置を考える「レベルデザイナー」などといった人たちが、ゲームの楽しさを追求していきます。

・プログラミングをする人

プログラミング言語で、シーンの演出やゲームの仕組みをつくる「スクリプター」や、ゲーム内の実際の動きを組み上げていく「プログラマー」などがいます。

開発職以外の人たち

ゲームそのものの開発の現場以外でも、多様な人がゲームに関係する仕事にたずさわっています。

・営業

ゲームソフトを販売するサイトや実際の店舗に、自社のソフトを扱ってもらえるように働きかけます。

・宣伝

テレビ、ラジオ、雑誌などの広告による宣伝はもちろん、昨今ではインターネットによるゲームの魅力を紹介する映像配信など、ソフトの魅力が多くの人に伝わるようなアイデアも考えます。

・品質管理

ある程度の段階まで完成したゲームをチェックし、しっかりと動作するのか、プレーヤーが進行させるうえで不具合がないかを隅々まで調べていきます。

・ローカライズ

ゲーム内の言葉を外国語へ翻訳するだけでなく、たとえば、その国の宗教や習慣に反した描写がないかなど、内容についてのチェックも行います。このような仕事を〝ローカライズ〟といいます。逆に、外国製のゲームソフトを日本向けに翻訳す

ゲームの不具合を調べる品質管理の仕事　スクウェア・エニックス提供

る仕事もあり、ローカライズを専門に行う会社もあります。

・**カスタマーサポート**

メールなどでユーザーからの意見・要望、ゲームの不具合などを聞き、それを開発スタッフに届けます。

・**著作権管理・法務**

自社の作品の著作権管理や、開発中のゲームの技術が、すでにある特許と重なる部分がないかをチェックする業務を行います。

・**技術開発**

新たなゲームソフト開発に必要な技術を、日々研究する部門がある会社も存在します。

ゲームってどんなもの？

家庭用ゲーム機から携帯端末機まで多種多様

遊びの形態はいろいろ

コンピュータゲームを遊ぶことができるハードウエア（機器）も数多く存在します。ゲームソフトはひとつのハードウエア専用のものもありますが、家庭用ゲーム機からスマートフォンまで、さまざまなハードウエアで遊ぶことができる作品も存在します。

さらには、プレーヤーがそれぞれ違うハードウエアを所持していたとしても、ハードウエアの壁を超えて遊ぶことのできる「クロスプレー」に対応した作品も徐々に増えています。

現代では主に以下のような遊び方が一般的です。

・家庭用ゲーム

家庭向けのゲーム専用機でプレーできるゲームです。自宅のテレビに接続してプレーする「据え置き型ゲーム機」や、持ち運びができる「携帯型ゲーム機」などがこれにあたります。

・携帯電話ゲーム

スマートフォンを使用して、アプリのようにダウンロードをして遊ぶことができるゲームです。スマートフォンの性能の向上により、過去にヒットした家庭用ゲーム機専用作品を、スマートフォン向けソフトとして発売するケースもあります。

家庭用ゲーム機を買わなくても、多くの人が持つ携帯電話で遊べることが特徴です。

・PCゲーム

家庭にあるPC（パーソナルコンピュータ）を使用して遊ぶゲームです。くわしい人は、パーツを組み合わせてPCを自作する人もいます。ですから、大きなデータの処理が必要なゲームをプレーするときは、映像処理をするグラフィックカードなどのコンピュータ内部のパーツを、より処理能力の高いものに交換することもできます。そのゲームに合わせてハードウエアをカスタマイズできる自由度の高さが、特徴の一つです。

・アーケードゲーム

ゲームセンターなどの遊戯施設に設置してある業務用ゲーム機で遊ぶことができるゲー

ムを指します。1回遊ぶごとにお金を入れる形式が一般的で、家庭ではできない、アトラクション性のあるゲームが多く存在します。

ゲームのジャンル

映画などと同様、ゲームにも多彩なジャンルが存在します。

主人公を操作し、レベルを上げながら敵を倒し、ストーリーを進めていく「RPG（ロール・プレーング・ゲーム）」、キャラクターの行動を直接操作し、プレーヤー自身の技量でクリアすることが求められる「アクションゲーム」、さまざまなパズルを解いていく「パズルゲーム」などがあげられます。

また、携帯電話の位置情報を利用し、陣取りをしたり、家の外に出てキャラクターを捕

一人でも複数でも楽しめる多彩なゲーム

eスポーツの世界的大会で優勝する日本人もいる　　ウェルプレイド提供

まえたりするゲームや、体の動きを感知する専用のコントローラーを用いて、室内でゴルフやボクシング、筋肉トレーニングなどのスポーツを行うゲームも存在します。さらに、「HMD（ヘッドマウントディスプレー）」を装着することで視界全体にゲームの映像を展開し、三次元の仮想現実を体験させる「VR（バーチャルリアリティー）」もあります。

インターネットが普及したことで、オンラインで世界中のプレーヤーとともに遊ぶことも一般的になりました。また、アクションゲームなどを用いて、その腕を競い合う遊び方は以前からありましたが、近年では世界的規模でゲーム大会を開催し、スポーツのような競技として扱う「eスポーツ」なども人気を集めており、ゲームの形は常に進化しています。

ゲームを楽しむために

誰でもいつでもさまざまな形で楽しめる

ゲームはもはや大衆文化

ニュースでは、ネットゲームへの依存など、ゲームに没頭（ぼっとう）することの危険性が取り上げられることもあります。多くのゲームがインターネットを利用するようになったことで、「ネットゲーム」というカテゴリーもあいまいになってきました。今や、誰（だれ）でも簡単にインターネットを介（かい）してゲームができます。お酒を飲む人がすべて依存症（しょう）になるわけではなく、語らいを楽しむためのツールにしている人が多いように、ネットゲームもみんなが楽しむものになってきました。また、以前は、オンラインゲームをすることに、インターネットで人とつながれる特別感がありましたが、現在ではゲームでなくてもさまざまなソーシャルネットワーキングサービス（ＳＮＳ）があります。確かに、家にこもって何時間もゲームに没頭するというのは、心身の発達にとって望ましいものではありません。また、ゲーム内のアイテムなどを手に入れるために、限度を超えて課金をしてしまうことも問題になっていますが、漫画を一日中読み続けたり、家に帰らず外で遊び続けたりするのも、よいこととはいえないのと同じであり、何ごとも節度とバランスが大事ということではないでしょうか。ＰＣや家庭用のゲーム機を持っていなくても、スマートフォンにゲームアプリを入れれば簡単にゲームができます。現在日本では、５歳から60歳までのスマートフォンユーザーが７５００万人ほどいるといわれています。このなかでスマートフォンを使ってゲームをする人が3分の2、約５０００万人いるそうです。年齢の幅が広いので、ゲームの内容も遊び方も多種多様です。通勤や通学時間にパズルゲームをするという人もいますし、高齢者がスマートフォンで囲碁などのゲームをする姿も見られます。

現在の中高年は学生時代からゲームで遊んでいたという人も多く、抵抗感は少なくなっており、ゲームセンターで遊ぶ姿もよく見られます。「ゲーム＝外に出る機会や、リアルな人とのコミュニケーションを奪う悪いもの」という考えは、古くなりつつあります。

インターネットで気をつけたいこと

とはいえ、先にも書いたインターネットのゲームでの相手とのやりとりは、顔が見えないぶん、気をつけなければいけないこともあります。ゲーム内のチャットは、リアルタイムで情報を交換したり、ゲームの方法を教え合ったりするには、とても便利な機能です。しかし、言葉のやりとりやアイテムの交換などでトラブルになることもあるので、リアルな人間関係以上に、礼儀や物言いに気をつけることが大事です。

また、正規のログインページを装った偽のサイトへゲームをする人を誘導し、入力されたＩＤやパスワード、個人情報を盗む「フィッシング詐欺」という犯罪もあります。「ゲーム内で使用可能なポイントを無料で入手できる」「アカウントに重大な問題が起きたためパスワードの変更が必要」などというＵＲＬリンクは開かないようにするとともに、注意喚起情報はこまめにチェックすることが大切です。セキュリティーソフトを入れ、ゲームは公式サイトから入手するようにしましょう。情報が盗まれると、自分のゲーム情報に不正にアクセスされ、ゲーム内のアイテムやもっと多くの個人情報が盗まれたり、ゲーム内の仲間に自分の名前を騙った不正なメッセージが流されて、ほかの人にも被害が及んだりすることがあります。

ゲームの多様な楽しみ方

前ページで紹介したようなロール・プレーング・ゲームのように、物語そのものを楽しむものから、格闘ゲームのように技やポイントを競うものなど、ゲームの種類や遊び方も多様化しています。室内での遊び方に加え、運動をするものからeスポーツまで、その形もさまざまです。

ゲームには、昔ながらの読書や映画、スポーツ、競技会の観戦など、すべてのエンターテインメントが含まれています。

また、たとえば戦国時代のゲームをすればその時代、歴史そのものに興味をいだくようになるかもしれません。インターネットでは、行ったことのない国の人と話すために、その国の文化や言語に興味をもったり、調べたりする必要も出てきます。

そのように、ゲームを楽しみながら、それ以外の興味・関心もどんどん広げていくと、人生がより豊かなものになっていくでしょう。

みんなでいっしょに熱中できるのも醍醐味

問題を解決しやすくする視点や課題を整理する思考などが基礎

思考の仕方を身につけることが大切

文部科学省「新学習指導要領」によって、小学校では２０１８年度から、中学校では２０２０年度から、高等学校では２０２２年度から、プログラミング教育が必修になります。ゲーム業界だけでなく、現代はコンピュータなしでは、社会が動いていかない時代です。しかし、需要に対し、ＩＴ業界を支える人材は圧倒的に不足しています。そこで、まずは、プログラミング的思考に興味をもち、理解する人を増やしたいというねらいから、学校でプログラミング教育をしていこうということになりました。

とはいえ、高校までのプログラミング教育が、即ゲームをつくることに役立つかというと、そうではありません。プログラミングの世界は日進月歩なので、高校のときに習ったプログラミングが、社会に出るときには、もう過去のものになっているということもよくあることです。

そこで、高校までの授業では、プログラミングをするために必要な思考の仕方を身につけることが大切になってきます。プログラミング的な思考というのは、大きな問題を小さな問題に分けて解決したり、物事の類似性や関係性を見つけて整理し、解決策を導いたりする考え方です。たとえば、ゲームでいうと、ストーリーを考える人、音楽をつくる人、セリフを考える人、キャラクターのデザインをする人など、さまざまな仕事をする人がいて、１本のゲームができていきますね。大きな１本の作品をそれぞれの小さな分野に分けて、つくっているわけです。また、ゲームをつくるのに、同じ処理が必要なプログラムがわかれば、コンピュータに覚えさせ、人間がするより早く正確に処理をすることができます。これは、物事の類似性や関係性を見つけて、整理をすることです。

そういった思考の仕方を、高校卒業までに身につけておくことが、ゲーム業界、ひいてはＩＴ業界で働くうえでの基礎（きそ）となります。

ゲームができるまでの流れ

作品内容の立案から発売まで

ゲームソフトができるまでを見てみよう

一般的に、現在のゲームソフトは、小規模なものでおよそ1年、大作では3年ほどの期間をかけて、数十人から100人以上のスタッフがかかわって制作されています。制作費も数百万円くらいのものから、100億円以上をかけてつくられるものまで、その規模はさまざまです。規模は違っても、作品内容の立案から発売までは同じような工程をたどっていきます。どのような工程を経てつくられているのか、その大まかな流れを紹介します。

1　作品の大枠を決める

ゲーム会社がゲームの開発をするさい、最初に行われるのが、ゲームの形をまとめた「企画書」の作成です。企画書は、市場調査なども行って、どんな作品がヒットするかなどを調査して決めていきます。企画書にたずさわるのは、プロデューサーやディレクターなど、ゲームの根幹を決めるスタッフです。

その企画書に社内で許可が降りることで、開発が開始されます。

個性的な遊び方をするゲームの場合などは、ほかのスタッフに内容をわかりやすく伝えるため、ゲームの簡単な試作品をつくる場合もあります。

2 詳細な遊び方を決める

企画書の内容がおもしろいと会社内で認められた後は、「仕様書」の作成に移行します。主にプランナーが作成する仕様書は、ゲームの細かい遊び方や、必要な絵や音楽などの素材、作業の進め方を細かく書き込んでいきます。

3 ゲームをつくる

ここからいよいよ、スタッフたちは分担して実際のゲームづくりを進めていきます。

・ゲームの素材をつくる

仕様書ができた後は、ゲームの内容をシナリオや、それに合わせたキャラクター、アイテム、マップなどのデザイン画、音楽を考え、それぞれ担当するスタッフが作成していきます。さらに、デザイン画を元に、実際のゲームで使用される素材をつくり、ゲーム画面がつくられていきます。

・プログラムをつくる

素材づくりと並行して、仕様書に沿って、ゲームの根幹になるシステムから、細かい動作までを制御するプログラムを、プログラマーたちがつくっていきます。

ゲームの最初から終わりまで、素材を元にプログラムを組んではチェックし、修正を重ねていきます。この作業が、ゲーム開発期間の大半を占めています。

4 最初の完成品「α版」

ある程度の段階までゲームを完成させた「α版」ができたところで、ゲームの不具合をチェックする「デバッグ」作業が行われます。不具合は見つけしだい修正されていき、内容の完成度をより高めていきます。デバッグは人数が必要な作業なので、社内にデバッグを専門とする品質管理部門がある場合や、専門の会社に発注を行うケースなど、その形はさまざまです。

5「β版」の完成

α版より完成度が高められたバージョンのことを、「β版」といいます。この段階で、店頭に並んでいる製品とほぼ同じ内容になっており、対象年齢を決めるためのチェックも、この段階で行われます。

6 マスターアップ

図表 ゲームができるまでの流れ

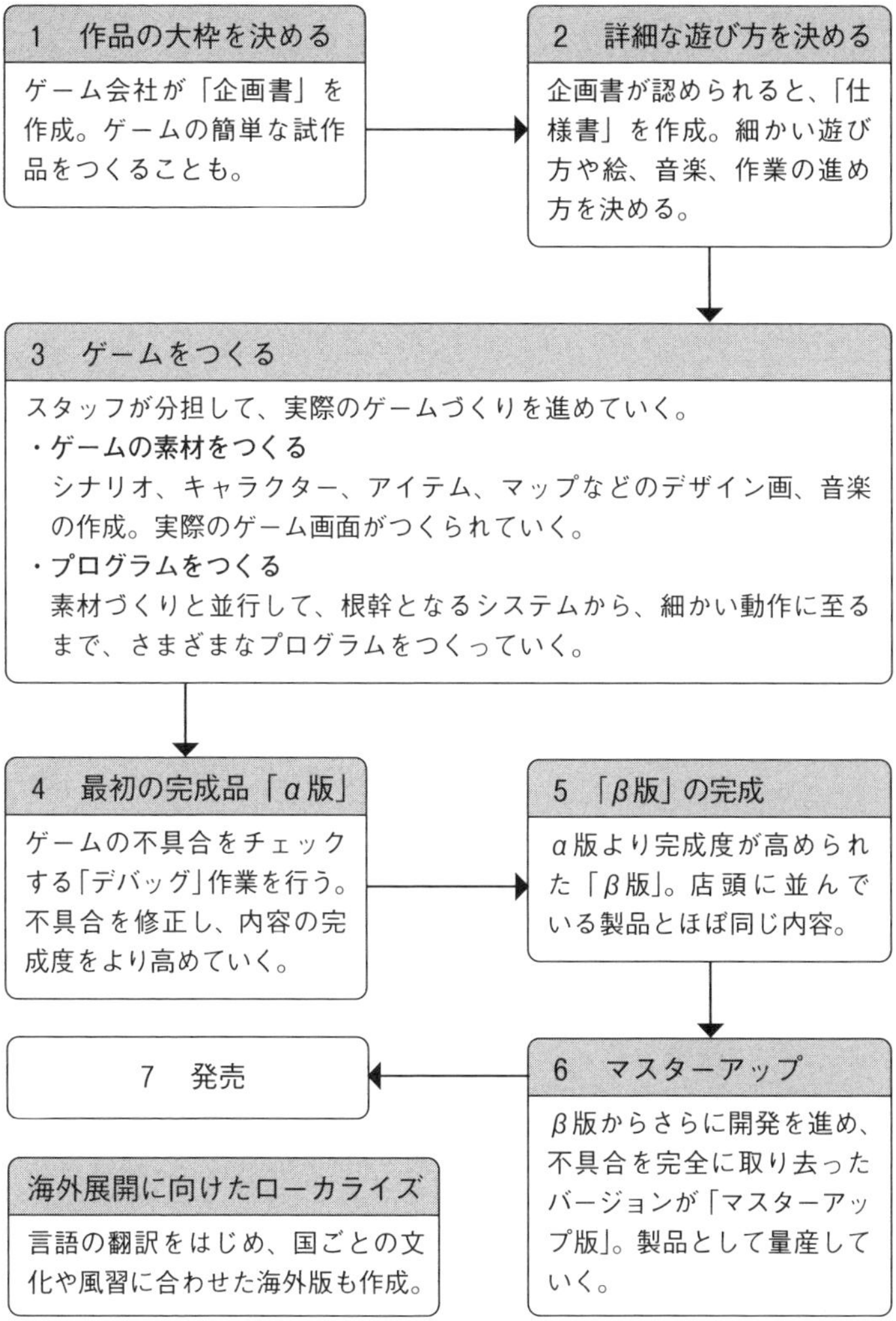

1 作品の大枠を決める

ゲーム会社が「企画書」を作成。ゲームの簡単な試作品をつくることも。

↓

2 詳細な遊び方を決める

企画書が認められると、「仕様書」を作成。細かい遊び方や絵、音楽、作業の進め方を決める。

↓

3 ゲームをつくる

スタッフが分担して、実際のゲームづくりを進めていく。

- **ゲームの素材をつくる**
  シナリオ、キャラクター、アイテム、マップなどのデザイン画、音楽の作成。実際のゲーム画面がつくられていく。
- **プログラムをつくる**
  素材づくりと並行して、根幹となるシステムから、細かい動作に至るまで、さまざまなプログラムをつくっていく。

↓

4 最初の完成品「α版」

ゲームの不具合をチェックする「デバッグ」作業を行う。不具合を修正し、内容の完成度をより高めていく。

↓

5 「β版」の完成

α版より完成度が高められた「β版」。店頭に並んでいる製品とほぼ同じ内容。

↓

6 マスターアップ

β版からさらに開発を進め、不具合を完全に取り去ったバージョンが「マスターアップ版」。製品として量産していく。

↓

7 発売

海外展開に向けたローカライズ

言語の翻訳をはじめ、国ごとの文化や風習に合わせた海外版も作成。

β版からさらに開発を進め、不具合を完全に取り去ったバージョンを「マスターアップ版」と呼びます。この段階まで進んだソフトを、ハードウエアをつくるメーカーに納品し、製品を量産します。α版からマスターアップまでのあいだに不具合が見つかった場合は再度修正が行われ、ときにはギリギリのタイミングで仕様の追加や、変更が発生することもあります。

7 発売

以前は実際の店舗やネット通販でゲームメディアを購入することが一般的でしたが、近年ではネット上からソフトのデータをダウンロード販売する形式も一般化しており、発売日に配信されたゲームをダウンロードすることで、実際の店舗やネット通販でなくてもゲームを入手することが可能です。

・海外展開に向けたローカライズ

ゲームの市場が全世界へと広がっている現在、海外版の製作も重要です。言語の翻訳をはじめ、国ごとの文化や風習に合わせた描写の修正などが行われます。昨今では、日本と海外版の同時製作、同時発売もめずらしくありません。

発売後も作業は続く

これらの過程を経てゲームが発売された後も、作業が発生することがあります。ストーリーやキャラクターなど、新たな「追加コンテンツ」の配信も昨今では主流となっています。

加えて、発売後に、開発中では確認できなかった新たな不具合が発見された場合は、それらを修正するための「パッチファイル」の作成、配信が必要になります。

オンライン対応作品の場合は、定期的に追加コンテンツや、修正ファイルの配信をする「運営」が発売後も長期間行われます。人気タイトルの場合は、10年以上にわたって運営されているというケースもあります。

ゲーム開発の流れを紹介(しょうかい)しましたが、ひとつのメーカーが販売(はんばい)、宣伝を行う「パブリッシャー」と、実際にソフトの開発を行う「デベロッパー」の両方の役割を担うこともあります。また、パブリッシャーの会社が、別の会社に開発を依頼(いらい)し、デベロッパーとなってもらうことも多くあります。

2章

ドキュメント
ゲームを生み出すプロフェッショナル！

ドキュメント 1 プロデューサー・ディレクター

コンプレックスを武器にしてください

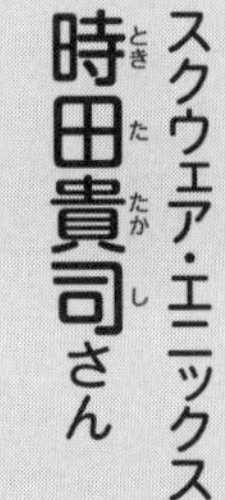

スクウェア・エニックス
時田貴司（ときたたかし）さん

時田さんの歩んだ道のり

幼少のころから漫画（まんが）、アニメ、ゲームに夢中（むちゅう）だったという時田さん。やがて、演劇の世界にあこがれて上京。ゲーム会社でアルバイトを始めたことをきっかけにキャリアをスタートする。現在ではスクウェア・エニックスのプロデューサー・ディレクターとして、ロール・プレーング・ゲーム（RPG）を中心とした多彩なジャンルでチャレンジを続けています。

漫画、アニメ、ゲームとともに育ってきた

僕は１９６６年生まれ。幼稚園のころに『週刊少年ジャンプ』が創刊され、小学生のときに『宇宙戦艦ヤマト』などでアニメブームが起き、１９７８年の「スペースインベーダー」でゲームが社会現象になり……と漫画、アニメ、ゲームとともに育ってきた世代です。

子どものころ、将来の夢は漫画家でした。ところが、アニメブームの影響で声優にあこがれるようになり、上京して劇団での活動を始めるようになりました。

その時期、一人暮らしを始めたため、アルバイトをする必要があったのですが、どうせならおもしろい仕事がよいな、と考えたんです。そこで見つけたのが、ゲーム会社のグラフィックデザイナーの募集広告でした。

当時はまだ今のような３ＤＣＧ*もないころで、ゲームのグラフィックといえば、色数の少ないシンプルなドット絵でした。漫画を独学で描いていたので絵は描けたのですが、パソコンの使い方などは知らなかったため、会社の方に教えてもらいながら仕事をしていました。

２年ほど最初の会社で働いた後、合併して現在のスクウェア・エニックスになる以前のスクウェアにアルバイトとして入りました。それが、今の会社で仕事を始めた第一歩です。

最初のころは、前の職場と同じく『ファイナルファンタジー』の１作目のグラフィックなどにたずさわっていました。当時僕は21歳でしたけれど、主要な人たちも20代中盤くらいでした。文化祭前のような雰囲気で、会社に寝泊まりして、みんなで朝から晩までわい

＊ 3DCG　立体物の情報を平面上の情報に変換したコンピュータグラフィックス。

わいと仕事をするという日々でしたね。

プロデューサー・ディレクターの仕事とは？

社員になって〝メーンプランナー〟を務めた作品では、映画や舞台でいう脚本・演出のような仕事をしていました。自分でシナリオを考え、キャラクターを動かし、このタイミングでこのＢＧＭが流れるということをゲーム上でやるわけですね。ゲームは舞台以上に自由だし、当時はゲームをつくるライバルも少ない時代でしたから、こんな仕事があるんだ！　と、いつも刺激的でした。

その後、１９９４年にはじめてディレクターをやり、ゲーム内容に関する責任者になりました。当時のスクウェアは物づくりの責任をとるのがディレクター、宣伝や開発のスケジューリングの責任をもつのがプロデューサーでした。後年、合併したエニックスはプロデューサーがたくさんいて、社外のスタジオやクリエーターと物をつくるというスタイルになりました。

現在、僕はプロデューサーを務めることが多いのですが、プロデューサーもいろいろな仕事の仕方があるので、一概にこういうことをやっている、というのは難しいです。お金を集めることに才能がある人や、プレーヤーをひきつける宣伝のセンスがある人、クリエーティブに強い人もいます。プロジェクトにかかわるスタッフを決めること、お金とスケジュールに関しての責任をとる役職、というのがいちばんわかりやすいかもしれません。

僕はもともとディレクター出身なので、作品によってはプロデューサーもやるし、ときにはディレクターや、シナリオライターもやります。

人とつきあうのが仕事

今は現場での実際の作業は若い人に任せて、仕事は打ち合わせがほとんどです。

社内での打ち合わせだけではなく、仕事をいっしょにする開発会社を何社かのなかから選ぶ〝コンペ〟を行うときは、一日に何度も開発会社に行きます。なので、スケジュールは時期によって変わりますね。会社に朝来る日もあれば、帰りに少し寄る日もあり、一度も会社に寄らないということもあります。たまに事務作業が発生したときなどは、作業日を決めて一日会社にいることもありますが。

自分がお酒を飲むのが好きということもあるのですが、大事にしているのはいろいろな人たちとコミュニケーションの場をもつこと

社外の人たちと打ち合わせを重ねる　　取材先提供

です。今はゲームを一社のみでつくる時代ではなくなってきているので、いろいろな会社の人たちとおつきあいしたり、情報交換しながら、いざゲームをつくるときにベストのスタッフを集める、というのもプロデューサーの仕事の一つかと思います。

制作費だけに頼らないゲームづくり

ディレクター、プロデューサーは作品の質にかかわる仕事です。巨額の制作費があれば、ある程度の作品にはなるでしょうが、僕がこだわっているのは、アイデアや方向性で勝負した作品づくりを行うということです。そこが、クリエーティブな仕事の大変さであり、醍醐味でもあります。

　スクウエア・エニックスではたくさんの作品をつくっていますが、同じ内容の作品ばか

ときには海外とのやりとりも　　取材先提供

りつくっていては、社内、あるいは海外のもっとお金をかけた作品に負けてしまいます。漫画雑誌も、派手なバトルやアクションのある漫画から、日常を描いたギャグ漫画まで、多種多様だからおもしろいんだと思います。僕の「今、このアイデアやジャンルは、誰もやっていないからやろう」「○○という作品を今こそ復活させよう」といった発想も、漫画好きなところから来ているのかもしれません。

ゲームの市場を見ても、そういった作品づくりがしやすい土壌ができていると感じます。今はゲームが世界中で販売される時代で、市場の大きいアメリカや中国でヒットすれば、大まかにいって、世界の7割で支持されている作品ということになるんです。そんななか、ヨーロッパや日本は、世界的に見ればコアな内容の作品が売れることも多いエリアです。ワールドワイドで出せば、〝誰もやっていない隙間を狙った〟作品でも、30万本や50万本のヒットを記録することがあり、そういった多様性があるのはよいことですね。

プロとアマチュアがライバルの時代で

僕らの若いころは、そうとう熱心な人間でなければ創作をしなかったけれど、今の若い世代は誰もが簡単にインターネットなどで作品を発表できます。ゲームづくりもそれは同じ。良いことではありますが、志望者が増えるということは、それだけその仕事で賃金を得て生活するのが難しいということでもあります。

アマチュアと僕らが同一線上のライバルになる時代なので、そこが大変でもあり、おもしろいところです。そんななかで意識しているのは、頭の中が変に凝り固まらないようにすること。今は情報のスピードも早く、量もとても多い時代ですから、仕事ではざっくり大枠を決めておいて、不測の事態が起きてもそこで立ち止まらず、対応していくことを大事にしています。

ゲームは非常に細かい作業の多い仕事ですが、だからこそ細かいことはスキルのある人に任せ、全体を俯瞰して進めていくことが自分の役割だと考えています。

そして、情報が早い時代だからこそ、好評にせよ、不評にせよ、つくったもののリアクションがすぐもらえるのはうれしいことです。

昔、漫画を描いていたころ、一人、孤独に細かい作業を続けていると、すぐ飽きてしまうという経験をしたんです。でも、その後やった演劇はみんなでつくるので、仲間内からもリアクションがあるし、刺激を受けられるのが自分に合っていました。

ゲームもそれに近い部分があって、絵や音楽が徐々に仕上がって、完成に近づくたびに、スタッフや情報を知ったプレーヤーからの反応が素早く出てきます。そこが楽しいですね。

ゲーム業界をめざす人へ

ゲームづくりにはいろいろな技術が必要ですが、それぞれを得意な人がやればいいのであって、全部を自分でする必要はありません。

学校だと5教科全部の平均点を求められることが多いですが、ゲームの場合、それぞれの分野が得意な人たちでチームをつくって、プロジェクトを進めます。そんなチームのなかで、絵だったりシナリオだったりアイデアだったり、何かのエキスパートであることが求められるので、平均点を伸ばすのではなく、ここだけは負けない！　という力を伸ばしてほしいですね。

学生のみなさんと話をする機会があるのですが、自分のコンプレックスを直そうとする方が多いんですよ。でも、そこが武器になると思うんです。子ども時代の僕は背が低くて運動が苦手で、イケメンでもなかったので、しだいに絵を描いたり、芝居をする道に進んでいきました。そのおかげで、今の仕事をできていますから。自身のコンプレックスを肯定して、それをバネに得意なことを伸ばしてほしいと思います。

まずはやりたいことを見つけて、自分ができることを増やしていき、最後は自分が誰かに求められる存在になる――。

ゲーム業界で働きたい方は、学生のうちにいろいろなことを経験して、これなら誰にも負けないという分野を見つけてください。

ドキュメント 2 キャラクターデザイナー

みんながわくわくするキャラクターを描き続けたい

スクウェア・エニックス
板鼻利幸さん

板鼻さんの歩んだ道のり

子どものころから絵を描くことが大好きな少年だったそう。広告業界での仕事を経て、ゲーム業界へ。現在は、さまざまなジャンルのゲームでキャラクターや世界観を絵で構築し、ほかのスタッフが3Dにしたとき、イメージ通りのものに仕上がっているかを監修する「アートディレクション」という仕事をしています。「頼んでよかった」と言ってもらえる絵をめざしています。

絵ばかり描いていた少年時代

家が厳しかったので、子どものころはゲームをやる機会がなかったんです。楽しみといえば絵を描くことで、落書きをしたり、好きなアニメのキャラクターを模写したりすることが大好きでした。

学校の成績は悪かったのですが、美術の成績だけはよかったので、しだいに絵の仕事に就きたいな、と思うようになりました。

高校卒業後は専門学校で広告デザインの勉強をしました。当時は絵を描ける人が仕事に就く場合、デザイナーとして広告業界に入りやすかったんです。僕もその例に漏れず、まずは広告業界に入って、農耕機具の広告などをつくる仕事をしていました。ですが、仕事をこなしていくなかで、やっぱり僕はデザインでなく、絵を描きたいな、と思うようになりました。

とはいえ、絵描きとして働く場は簡単に見つかりません。そう悩んでいたころ、ゲーム業界の募集が増え始めました。なぜかというと、当時のゲーム業界は数人でつくる小規模な体制から、チームでつくる大規模な体制に移り変わりつつある時期だったんです。ゲーム業界がどんな世界なのかも知りませんでしたが、とりあえずキャラクターの絵が描けるし、飛び込んでみようと思いました。

当時はUFOキャッチャーが流行った時期で、2頭身のキャラクターを描ける人材が求められていたんです。ガンダムとかウルトラマンとか仮面ライダーを2頭身にアレンジしたものがぬいぐるみになったり、ゲームのドット絵になったりするのが魅力的でした。また、大人になってからゲームを自由にやり始めたら、これはおもしろいなと思いました。

当時はゲーム業界の主流が２Ｄから３Ｄへ移りつつある時期で、求められるものが変わってきていたんです。２頭身のキャラクターを描いていたと思ったら、今度はゴルフゲームでリアルなプロの選手を描く仕事が来たりと変化に富んでいて、飽きずに仕事ができました。しかし、キャラクター物を手がけていると、今度はオリジナルを描きたい、という思いが芽生えてきたんです。

そのときに、今のスクウェア・エニックスの前身であるスクウェアと前の職場の親会社が組んで、スクウェアのキャラクターを使ったゲームをつくる話が出ました。そこでキャラクターデザインに抜擢されたことをきっかけとして、今の会社へ移籍したんです。以来、現在までスクウェア・エニックスに在籍しています。

開発時期で変化する仕事内容

僕がイラストレーター、キャラクターデザイナーとして主に行うのは、キャラクターや世界観を絵で構築する「アートディレクション」という仕事です。

企画やシナリオライターの人の「こういうデザインが欲しい」という要望を受け、それを絵に描いて開発チームに見せていきます。その絵を元にモデリングスタッフが３Ｄモデルをつくり、テクスチャ（表面の質感）をつくって貼る人がいて、そこまでできたら、イメージ通りの完成図になっているのかを確認する「監修」を行います。「ここはＯＫですが、ここは少し直してください」といったや

社内のブースで作業内容を絵に起こしていく　　取材先提供

りとりですね。

そのため、１週間のスケジュールも、開発の進行具合で変わっていきます。

開発の初期はなるべくデザインを多く起こしていくという日々で、１週間のあいだ、打ち合わせ以外はずっと絵を描いています。

提出した絵にＯＫが出た後は、監修をする段階に入りつつ、ゲーム中に登場する武器やアイテムのアイコンをつくるなど、細かい作業も発生してきます。ゲームが完成したら、今度は宣伝用のポスターを描いたり、パッケージイラストを描いたり、ロゴ（タイトルの文字）をつくったりといったこともあります。曜日ごとに仕事が違うというよりは、時期によって１週間の過ごし方が変化していくといったほうが正しいです。

キャラクターデザインは、ゲームをつくる

なかでも視覚的にわかりやすい仕事なので、ゲームを宣伝する配信映像に出演したり、イベントに登壇したりと、最近はそういった仕事もあります。

アナログな描き方を学んだほうがいい？

僕はイラストを描くときに水彩絵の具を使って最後まで仕上げることもありますが、基本的には鉛筆で描いた絵をコンピュータに取り込み、ソフトで色を塗ることが多いです。専門学校時代はまだコンピュータで絵を描く環境が普及しておらず、デジタルの絵の勉強はしていませんでした。

はじめからすべてコンピュータ上で描くか、アナログが良いかという話もありますが、どちらにも利点と難しさがあるので、各人の好みの問題なのではないかと思います。最近は、鉛筆や水彩画の表現をコンピューター上で再現することができるようになってきています。ただ、きれいなタッチを再現できるツールはみんなが使うから、なんとなく絵の印象が近いものになってしまうことがあります。なので、ほかの人と違う味わいを出したい場合、あえて鉛筆や水彩画などのアナログに挑戦することが、個性を出す近道になるケースもある気がします。たとえば、紙に鉛筆で絵を描くと、こすれて汚れが出るのですが、そこに色がつくと良い感じの雰囲気が出るんですよ。

それぞれに利点があるので、使い分けができるようになっておいたほうが、やれることも増えます。そういう意味では、アナログの勉強はやっておいて損はないと思います。

イベントで作品のとなりにサイン　　取材先提供

相手の求めるさらに上の絵を描く

ゲームを買ってくれる人がわくわくするには、まずつくっている僕たちがわくわくしないとだめなんです。だから僕は、プランナーなどの要望を100パーセント叶えた絵を提出するだけでは、デザインの仕事をしたとはいえないと考えています。オリジナリティーを加えたりして、先方に「この人に頼んでよかった」と感じさせてこそじゃないかなと思います。

ですが、仕事である以上、いつでも自分が力を発揮できる題材の絵を描けるわけではありません。たとえば、以前拳銃のイラストを描く仕事がありました。僕は拳銃に興味があったわけではないので、素の状態では良いものが描けないんです。その場合、「好きになること」が必要になるので、自分になじみのないジャンルの絵を描くときは、とにかく調べます。どんなデザインが一般的に好かれているかを本などで調べて、疑似的に好きになるというか。

女性キャラクターの衣装を描くときなども、どういう服やアクセサリーが流行っているかがピンと来ないことがあるので、今の女性が好んで着るものなどについて勉強をしています。

この仕事には、自由に好きなものを描くだけではなく、与えられた課題を自己流で解決していく難しさとおもしろさがあります。それが、仕事に飽きない理由の一つです。

そして、チームの作業である以上、自分ですべてのことをコントロールできるわけではありません。スタッフみんなの力が合わさって、良い方向にいければいいけれど、そうではないときにどう働きかければいいのかは、毎回難しさを感じるところですね。

イラストレーターとしては、とにかく伝えたいものは絵で伝えるということを意識しています。言葉は使わず、絵に説得力をもたせる技術や、画材を活かした表現など、こちらが用意できるさまざまなものを駆使して相手に伝えなくてはいけないなと。

忙しくても、絵描きなのだから、良い絵にするための努力を惜しんではいけない。そこだけは、常に心がけてやっています。

ゲームの普及や技術の進化で、現在はリアルなだけでない、個性的なビジュアルの作品が受け入れられる土壌ができてきていると思うんです。だから、今後は自分の個性と、スタッフみんなの個性が魅力的に合体した作品をつくっていきたいですね。今よりも歳をとって、チームでのゲーム制作に満足するときが来たら、山にこもってずっと絵を描くのも楽しいかもしれません。

自分の世界観を見つけよう

学校ではデッサンや遠近法など、技術的な部分を多く学ぶことができるので、絵の仕事を志している方は、得ることが多いでしょう。

でも、僕はデザインでいちばん大事なのは、好きなものを明確にわかっておくことだと思います。なので、自分はこういう世界観が好きなんだとか、こういうビジュアルをつくりたいんだというイメージを知るための訓練はしたほうが良いと思いますね。

本を読んだりして、頭の中で想像したキャラクターを実際に描いてみるとか、映画を観て気に入った世界観やキャラクターをスクラップブックにまとめたりしてみてはどうでしょうか。僕も、いつでも絵を描けるように、かばんには常に水彩の道具が入っています。

若いころの僕は、言われたことに応えるだけで精一杯だったんです。でも、早いうちから自分の好きな方向性が見えていると、相手の要望を叶えつつ、自分が好きな方向の絵にうまくもっていってゴールを見つけることができると思います。自分にとって大好きなものを明確にもち、それを大事にしていくのが大切ですね。

ドキュメント 3 シナリオライター

ゲーム内の文字すべてにたずさわる仕事

落合(おちあい) 悠(ゆう)さん

落合さんの歩んだ道のり

幼いころ、自分が物語の一員となるロール・プレーング・ゲーム（RPG）に衝撃(しょうげき)を受け、シナリオライターをめざしました。大学で映像制作を経験し、作品をつくるうえでのコストバランスも身につけました。卒業してゲーム会社で働いた後、フリーのシナリオライターとして独立。シナリオ制作会社エッジワークスを中心に、さまざまなゲームの制作にたずさわっています。

仕事のきっかけ

私が子どものころは、今では名作と呼ばれているRPGがたくさん登場し始めた時代でした。そのとき、映画などとは違い、自分が物語に入っていけるゲームに「なんて新しい遊びなんだ!」と衝撃を受けたんです。それがゲームのシナリオに興味をもつことになった最初のきっかけですね。

高校卒業後の進路を考えるときも、ゲームのシナリオを書きたいと思っていたのですが、狭き門なので、もし入れなくてもほかの業界に就職できるようにしようと、一般大学の芸術学部で映像学科を専攻しました。大学時代の映像制作の経験は、ゲームのシナリオにおいても活かされています。群衆が登場するシーンを出すと、それだけで絵を描く人の労力もコストも上がってしまいます。作品をつくるうえでコストのバランスを考えるなど、映像はゲームに通じるものがありますね。

シナリオライターになるには

現在私は30代に入ったところなのですが、22歳でゲーム会社に入り、7年間「プランナー」として働きました。プランナーは、プロデューサーやディレクターの指示を元に、ゲームを構成する要素を記載した「仕様書」の作成などをする仕事です。

シナリオ業務にかかわるようになったのは、入社して2、3年目のことです。仕事のなかでテキストを書く機会があったので、これはチャンスと思い、がんばりました。その仕事が認められ、先輩のプランナーからシナリオの仕事を回してもらえるようになりました。

でも、実をいうと、シナリオを専業にしているプランナーの方はほとんど見たことがないのです。大規模な会社で2、3人いるかどうかで、そもそも部署をもっていない会社が多いと思います。ゲームのシナリオはディレクターの業務の一つか、またはエッジワークスなど、シナリオ専門の会社に発注するケースが多いですね。

「書くことが好き」が大前提

ゲームのシナリオライターの仕事は、大きく分けて「ストーリーテキスト」と「システムテキスト」があります。ストーリーテキストは台詞や会話を中心とした文章です。スマートフォン向けゲームの場合ですと、芯となるメーンシナリオ、キャラクターごとのサブシナリオ、毎月2、3回ある特別なイベントのシナリオなどがあります。テキスト量が多い場合、ストーリーだけでなく、特定のキャラクターに関連するシーンだけを担当するという形をとります。最初から最後までシナリオを書くケース、バトルシーンやキャラクターの会話シーンのみの担当など、依頼の形もさまざまです。

システムテキストは、「アイテム〝○○〟を手に入れた!」というような文章のことを言います。ほかにも、キャラクターのネーミングはもちろん、キャラクターが強くなったときにつく「究極の〜」といった通り名を考えることもあります。ゲーム内の文字はすべて書く可能性のある仕事ですね。

一人の人間に作品の設定、シナリオの基礎となる「プロット」からストーリーシナリオまでをすべてが任されることもありますが、大規模でシナリオのボリュームが大きい作品の場合は、プロットと主要なシナリオをメーンのライターが担当し、あとは複数の人間で分担するケースもあるんです。私の場合は、「こういうプロジェクトがあるから、複数のシナリオのなかからよいと思ったものを選出する〝トライアル〟に参加してみないか?」と声がかかることが多いですね。その場合は、依頼者の目に留まったら、仕事が発注されるという流れです。

納期に関して、私の経験では、どんなに急ぎで量の少ない案件でも最低3日は作業する日が確保されています。

ですが、一つの仕事の納期に余裕があったとしても、多くの仕事を同時期に引き受ければ、当然忙しくなります。シナリオライターは、最低限生活できるレベルで月に1万文字

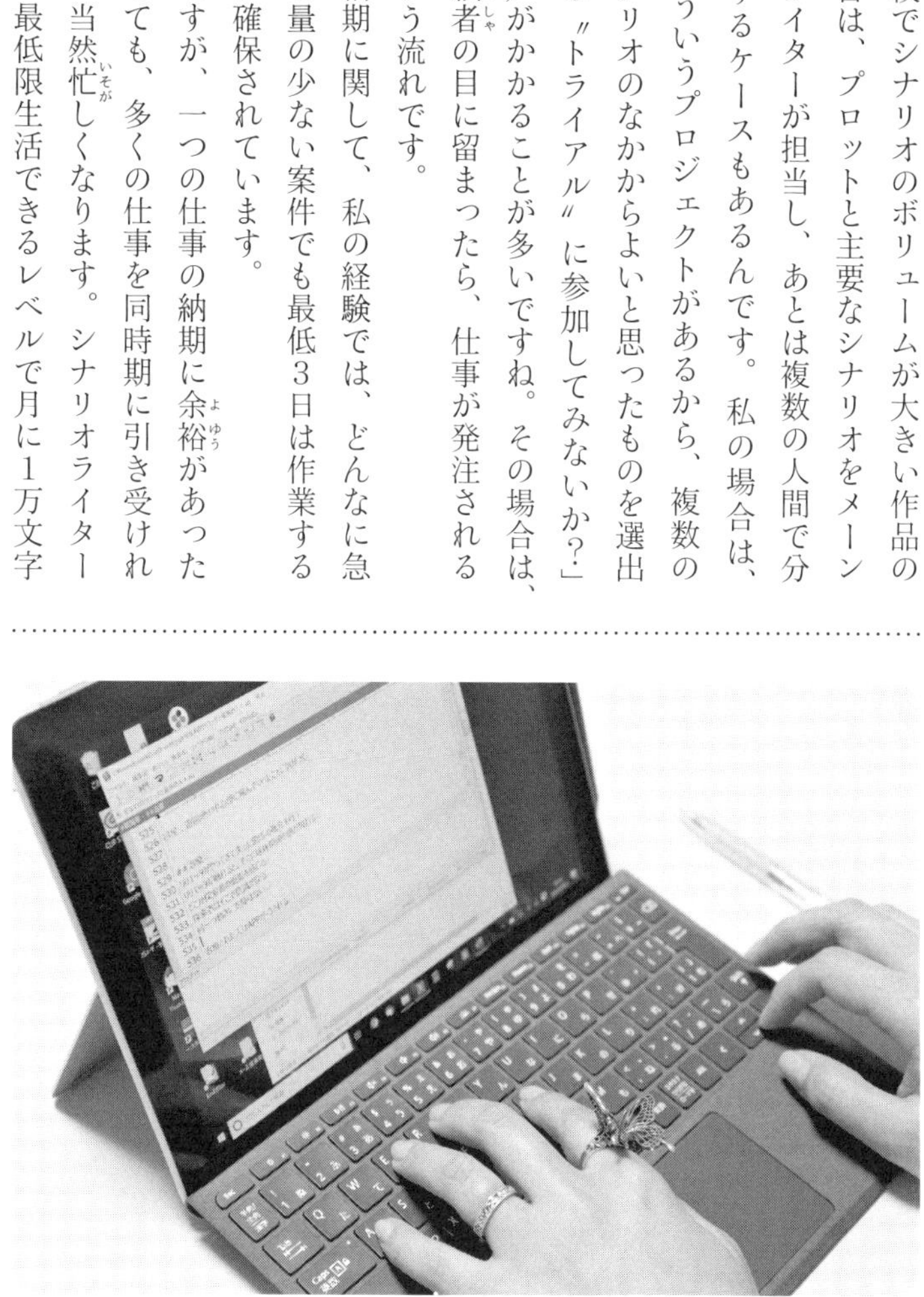

プロットに沿って限られた文字数のなかでテキストを執筆

書く必要があるといわれており、書くことが好きでなければできません。

シナリオライターはお弁当屋さんに近い？

ストーリーシナリオの書き方についてお話ししますね。私の場合、まずは最初から最後まで要素を箇条書きにし、つぎに大きく「起承転結」の四つに分けた簡単なシナリオへ、と細かい部分を足していきます。昔、会社の先輩に「手を止めるな」というアドバイスをもらったこともあり、考えがまとまらない部分は飛ばして、とにかく書き進めるようにしています。

私は一日の作業時間として、大まかに5時間は確保するようにしています。プロットができていれば、1時間で３０００字から５０００字は書けます。

とはいえ、いつでも簡単に進むわけではありません。

ゲームを起動したときに１００人のキャラクターのうち一人が出てきて、「おはよう！」とあいさつをするシステムがある場合などは、当然キャラクター１００人分それぞれのあいさつを書く必要があります。スマートフォン向けゲームの場合、約20文字から30文字という文字制限があります。少ない字数のなかで「おはよう」のあいさつを「今日もがんばろうね！」に言い換えるなど、何パターンもテキストを考える作業は、つらさを感じることがあります。

シナリオの仕事というのは、お弁当屋さんに近いのかもしれません。コストと素材がしっかりと決まっていて、限られたスペースのなかで、どれだけお客さんを飽きさせない料

制作会社との打ち合わせも

理を提供できるか、というイメージです。毎日卵焼きでも飽きられてしまうから、今日は目玉焼きにするか、みたいな。そこがいちばん大変ですし、ゲームのシナリオライターに求められている力だと思います。

　書くさいに気をつけているのは、プロットから書く場合、その後のシナリオ作業で食い違いが出ないようにするということですね。ゲームの世界ではプロットを変えると、新たに発生する作業がとても多くなり、その作業を担当するほかの人たちに負担がかかるため、映像の世界以上にやってはいけないことだと思います。だから、はじめにしっかりとプロットを決めることが大事なのです。

　昨今は日本でつくったゲームでも海外でリリースされることが多いので、ほかの国で嫌がられる表現についても注意しています。日本では平気なことでも、ほかの文化圏ではタブーということもあります。気をつけすぎて話の広がりが失われてしまうのは良くないですが、エンターテインメントである以上、人を不快にさせてはいけないので、注意する必要がありますね。

報われたと感じるとき

大変なこともありますが、やりがいを感じる瞬間も多いです。たとえば、歴史あるシリーズ作品の人気キャラクターのシナリオを担当したときのこと。作業するにあたって、過去のシナリオから漫画などのメディアミックスまで、あらゆる資料を調べ上げて書いたんです。そうしたら、ネット上で「このシナリオは、キャラクターをわかっている人が書いている！」という感想を目にし、報われた感

いつか指名されて注文がくるように

がありました。

スマートフォン向けゲームの場合は制作スタッフの名前が表記されないことも多いのですが、誰がシナリオを書いているのかを調べたプレーヤーからファンレターをいただくこともあり、そんなときはとてもうれしいです。自分が書いたものが褒められ、手がけたキャ

ラクターのことを好きになってくれる人がいると、やりがいを感じますね。

私はまだフリーランスとしては駆け出しなので、私だから頼むというよりも、経歴を見てだいじょうぶそうだな、と依頼されることのほうが多いと思うんです。ですので、映画で「この役はこの人に！」とキャスティングされるように、自分も名指しで依頼がくるようになることが今の目標です。

コミュニケーション能力を求められる職業

シナリオを書きたい人は、まずゲーム会社に勤めることをお勧めします。フリーランスにはコミュニケーション能力がとても大切だからです。相手が何を求めているかを理解する力や、メールの受け答えのスキルは当然養われますし、指導をしてくれる上司の人もいます。フリーランスで、先輩に指導してもらう経験はなかなかありません。

私自身、会社員の経験から得た学びはとても多いです。シナリオは、ゲームの内容を大きく左右する職種なので、ほかの部署の人たちに迷惑をかけることもあります。私たちがこのキャラクターを出したいですと言った場合、そのグラフィックやプログラムをほかの部署の人たちがつくることになります。会社員時代、シナリオライターの仕事が遅れると、ほかの人たちにどう負担がかかるかを知ることができたので、締め切りを守り、余裕をもって提出することは常に心がけています。

そして、この仕事に何よりも大切なのは、ゲームと書くことへの愛情だと思います。ぜひゲームへの愛が豊かなシナリオライターになってください！

ドキュメント 4 グラフィックデザイナー

ゲームのために努力を惜しまない人、歓迎です

アクワイア
飯塚三華(いいづかみか)さん

飯塚さんの歩んだ道のり

子ども時代からゲームが好きで、デザイン会社での仕事を経て、ゲーム業界へと飛(と)び込(こ)んでいった飯塚さん。現在、グラフィック部門のリーダーである「リードアーティスト」の一人として、グラフィックの作成とマネジメントを行っています。「会社というチームで、ひとつのゲームをつくるのは大変ですが、とてもやりがいがあります！」。

始まりはパソコンでのゲーム制作から

　小学生のころから、スーパーファミコンのゲームに親しむようになりました。中学校に上がってからは、パソコンを買ってもらい、自分でゲームをつくるソフトに熱中するようになり、遊ぶだけでなく、つくることの楽しさを知りました。ただ、そこからまっすぐにゲーム業界をめざしたわけではありません。当時の私はゲームが好きなことを他人に知られないようにしていましたし、ゲームをつくってはいたものの、それはあくまで趣味の範囲。ゲームクリエーターになるつもりはありませんでした。

　絵を描くことが好きだったので、中学卒業後、造形美術コースのある高校へ進学しました。そこで美術大学への進学をめざしていたのですが、就職を選ぶ必要に迫られ、せめて何か美術に関連する仕事がしたいと、苦労して探したデザインの会社へ就職しました。そこで、ウエブデザインやカタログの制作をしていたのですが、大きな企業向けの硬いコンテンツが多く、ゲームへの思いが高まり、働きながら夜はコンピュータグラフィックス（CG）の学校に通い始めました。

　学校内の募集でアクワイアの名前を見つけて応募をし、２００５年に入社しました。

グラフィックの仕事

　アクワイアでは、ゲームの絵づくりをする人や課をアーティスト、アートセクションなどと呼ぶのですが、その仕事内容はとても幅広いです。２Dの仕事だとキャラクターや背景、オブジェクトのデザイン画を起こす人、広報向けやゲーム内での絵素材を描く人がいます。

３Ｄの仕事だとキャラクターや背景のモデルをつくる人やアニメーションをつくる人、ゲーム内のカメラや照明の仕事もあります。それ以外には体力を表示するゲージなどのユーザーインターフェース（ＵＩ）をつくる人や、炎や爆発などといったビジュアルエフェクト（ＶＦＸ）をつくる人など、その仕事は多岐に渡ります。

このような業務内容にたずさわる人のなかには、ひとつの作業だけに特化して、その分野では誰にも負けないスペシャリストタイプの人もいれば、デザインやモデルづくりもアニメーションもできるスキルの幅が広いジェネラリストタイプの人もいます。社内ですと、自分の得意分野に加えて、もう一つスキルをもっている人が多い印象です。

私はチーム内のアートメンバーすべてに指示を出す「リードアーティスト」をやっていて、ゲーム画面での「絵」を俯瞰しつつ、バランスを整えるために絵的な指示や、技術的な指示をしていきます。私はどちらかというとジェネラリストタイプなので、さまざまなパートに入ってクオリティーの底上げをしたり、ワークフローを整えたりすることも多いです。

ゲームのグラフィックづくりは、ディレクターがどんな「絵」がほしいかの要望を出し、私たちが素材を制作し、それをプログラマーが実際にゲームのなかに組み込んでいく、というのがおおまかな流れです。たとえば、「人里離れた山奥でおじいさんが寂しく暮らしている場面」と言われたら、私たちアーテイストは家や木など自然物の絵素材を作成していくのですが、実際のゲーム画面になったとき、「寂しさ」が足りない印象になっていたとします。そんなときにリードアーティストから「全体の緑の彩度を落とそう」とか、「葉っぱが落ちるエフェクトを追加しよう」などとアーティストに指示を出しつつ、「この場面では引きのカメラにした方が寂しさが出る」となった場合は、プログラマーにもかけ合い、どのように作業していくのか調整していきます。

クオリティーとの闘い

仕事でもっとも難しさを感じるのは、クオリティーをどう高めていくかということです。私のいる会社は、他社からの依頼を受けて開発をすることが多いのですが、依頼をしてき

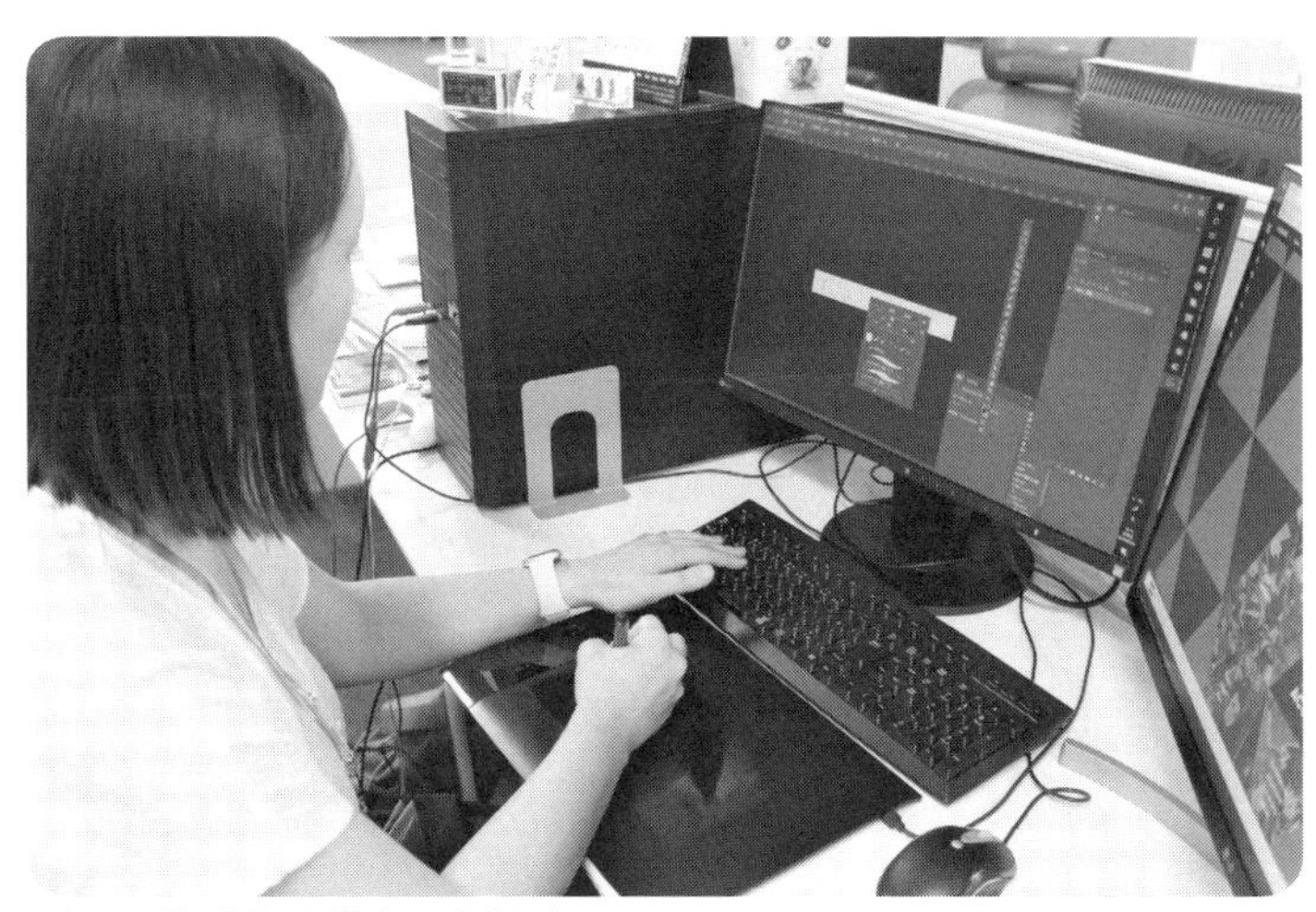

スタッフに指示を出しながら自分の作業も進める

た会社が考えているイメージやクオリティーをどう表現するかが問題で、相手の求めているものを会議や、こちらの提示した絵に対する反応から読み取らなければいけないのです。

理想のゲームのビジュアルが固まったとしても、ゲーム上で実現できるかというと、それも簡単にはいきません。スタッフは全員がまったく同じ認識をもっていることはないので、人によってクオリティーが上下することもあります。リードアーティストとして、つくり方をわかりやすい資料にまとめて伝えたり、何度もやらなければならない作業の自動化を試みたりと、なるべくクリエーティブなことのみに集中できるワークフローづくりは常に考えています。

アクワイアでは短くて1年、長くて3年ほどの期間、ひとつのタイトルにかかわります。

そんななかで、リードアーティストは、ディレクターと理想の絵づくりを追求していきます。しかし、一対一でやりとりをしていると、どうしても案が出ず、流れが止まってしまう場面もあります。そんなとき、諦(あきら)めずに考え続けることで、とても良い案が出てきたりするんです。ほかのゲームをしてみたり、ゲーム以外のものにもふれることで、不意にアイデアが出てくる瞬間(しゅんかん)もありますね。どの仕事にも共通することですが、「諦(あきら)めない」ということがいちばん大切だと思います。

実務とマネジメントの両方を学んでいきたい

プレーした人の声を目にしたときに、やりがいを感じます。最近ではTwitterなどのSNSに画像を上げる人もいて、グラフィックのことにふれた感想はつい見てしまいますね。

男性も女性も働き方が変わってきましたと語る飯塚さん

ゲームのなかにこっそり仕込んだ「遊び」に気付いてくれる人などがいると、うれしくなります。

今は大きなタイトルがひと区切りついたところで、やりきった感があるのですが、新しい技術がどんどん登場する業界なので、日々勉強をしていかなければならないと思っています。あとは、私が所属するアートセクションの育成をして、組織力を上げていきたいですね。採用や社員教育にもかかわる立場なので、私が採用した人が3年、5年を経てリーダーになれるような組織づくりを、アートセクション内部で行っていければと思っています。

中学のときは一人でゲーム制作を行っていたので、完成にこぎつけられませんでした。でも、会社というチームでゲームをつくるのは、大変なこともありますが、いろいろな人の力を結集して完成させられます。チームでひとつのゲームをつくるのって、すごいことだなと思います。

働き方が変わってきたゲーム業界

私は二児の母で、上の子が小学1年生、下の子が5歳です。朝は上の子を小学校の校門まで送ってから出社し、9時に会社に到着します。帰りは保育園のお迎えがあるので、17時に退勤しています。午前中は部下への指示出しなどが中心で、午後はミーティングを挟みつつ、アセット（絵素材）をつくる作業が多いですね。もともと作業は早いほうなので、ある程度の仕事はこなせるのですが、時間が足りない場合は、家で作業してもいいと会社から許可をもらっています。

子どもが生まれたことで、働き方は大きく変わりました。以前はゲーム業界といえば深夜まで働くのがあたりまえという感じで、私も朝から深夜まで働いていたのですが、子どもが生まれてからは仕事をする時間に制約があるので、どの作業を会社でやり、どれを家に持ち帰るかに頭を使っています。書類仕事は家で、コミュニケーションと実務は会社でするなど、しっかり決めないと毎日が回りません。

私が産休をとったときは、アクワイアは男性比率の多い会社で、それまで産休をとった人は一人しかいませんでした。今は会社全体で7対3ほどの男女比になっており、アートセクション単体だと、半々になっています。結婚して父親になる人も増えてきました。共働きで育児を分担している人がゲーム業界にも増え、働き方が変わってきたのかもしれません。

ゲームのためならがんばれる人が向いている

アクワイアの場合は、採用に大きく二つのパターンがあります。一つは美大で絵は経験しているけれど、ＣＧを触ったことがない人。絵がうまいから、採用して社内でＣＧについての教育をしよう、となります。もう一つは、絵はそこまで上手ではないけれど、３ＤＣＧなどに精通している人です。３Ｄはモデルをつくる作業なので、広報向けの絵を描く人よりも、画力は求められません。

採用にかかわるなかで、「ゲームはやらないのだけれど、絵が好きだからゲームのグラフィックスがやりたい」という人がたまにいるのですが、ちょっと違和感を覚えます。

「めざすゲームのコンセプトが今のビジュアルで達成できているのか、ユーザーにとってのわかりやすさ、触り心地はどうか？」と判断を下す場面では、ユーザーの目線をもっていないと決定できないことがとても多いからです。

個人的には、今は絵が苦手だとしても、ゲームのためならがんばれる人が業界に来てくれるとうれしいですね。実際にゲームが好きな人が新卒で入り、成長する姿を見ていますから。

ドキュメント 5 作曲家・ボーカリスト

完成したゲームに自分の曲が流れる喜び

清田愛未さん

清田さんの歩んだ道のり

4歳のころからピアノを習い、音楽とゲームに親しんでいたなか、「ドラゴンクエスト」に出合います。そのゲームをプレーしたことからゲーム音楽づくりの世界へと心が動き出し、音楽大学在学中に歌手としてデビュー。現在は作曲をメーンに、ゲーム音楽やプラネタリウムへの楽曲提供など、多彩なジャンルで活躍しています。

昔から好きだった、ゲームと音楽

小さいときからクラシックをはじめとする音楽に親しんでいました。そんななか、小学生のとき、「ドラゴンクエスト」をプレーしたことをきっかけに、ゲームの世界にも作曲家という仕事があることを知ったのです。そのころから、いつかゲームの音楽を自分でも作曲してみたいと思うようになりました。

その後も作曲家になりたいと思い続け、やがて音楽大学の在学中に歌手デビューをしたことで、私の音楽の仕事がスタートしていきます。歌手としての仕事もしつつ、自身のつくった歌を歌っているうちに、作曲だけの仕事もするようになっていきました。

ゲームにたずさわることになったのは、デビューアルバムを「ファイナルファンタジー」シリーズの音楽を手がけている植松伸夫さんにお贈りしたことがきっかけです。「ファイナルファンタジー」シリーズのCDを制作するさいに歌手として声をかけてもらう機会があり、そこからゲーム業界との接点が生まれていきました。

ゲーム音楽ができるまで

ゲームの音楽とひと口にいっても、ゲーム中に流れるムービーに合わせた音楽や、戦闘シーン、街の中で流れる曲など、それぞれにつくり方が変わっていきます。

ムービーの場合、台詞、効果音、絵がある映像に合わせてつくるものなので、いろいろな要素とのバランスを考えなければいけません。映像の秒数に合わせた曲をつくることが求められますし、たまに曲が完成した後にムービーの時間が延びるということもありますので、その場合は違和感のないように秒単位で延ばす必要があります。戦闘シーンや街中などの場合も、絵を見てそれぞれの雰囲気に合った曲を書いていきます。

特に難しいのは曲数が多いゲームの場合で、たとえば不安なムードを演出する曲も、1曲ならばともかく、2曲、3曲、4曲……と増えていくと、「おぼろげな不安」「とても不安」など、細かく変化をつけていくのもひと苦労ですね。

曲をつくる作業の内容ですが、これはゲームの規模や、クライアントの指定などによって、パソコン上で音楽ソフトに打ち込んで音楽をつくるケースと、生演奏を収録するケースがあります。

パソコン上で音楽をつくる場合は自宅で作業ができますが、生演奏の場合は、レコーディングにたずさわる方が読みやすいように譜面の浄書（楽譜を清書すること）を行う必要があり、パソコン上での制作も生演奏も、それぞれ楽しさと難しさがありますね。

常に変化するスケジュール

私は、スケジュールがしっかりと決まっている会社員の方とは違い、フリーランスなので、来た仕事は引き受けるというスタイルです。時期によってたずさわる仕事の数も変わっていき、これという決まったスケジュールはありません。たとえば、もっとも忙しかったときは曲数の多いゲームタイトルを2本同時に手がけていた時期です。年間で計90曲ほど書いていましたね。子どもが2人いるのですが、当時は小さかったため、朝の3時に起きて曲を書き、子どもたちを保育園へと送り出し、曲を書き、子どものお迎えに行き、夕飯を食べさせてお風呂に入れ、夜の9時ごろに子どもといっしょに寝て、起きてまた曲を書き……といった日々を過ごしていました。子どもが赤ちゃんのときは、あやしながら曲を弾いて……ということもありましたね。

仕事で心がけているのは、とにかく締め切りを守ることです。特にゲームの場合、自分一人だけではなく、プログラマーやグラフィックデザイナーの方など、大勢の人たちがかかわっているので、絶対に守るようにしています。

プレーヤーの視点に立った音楽づくり

私自身、ゲームが大好きなので、仕事においてもプレーヤー視点に立ち、「どんな曲だ

一音一音、作品に合わせてつくっていく

つたら、プレーする人が入り込めるかな？　楽しめるかな？」ということをすごく考えています。たとえば、戦うシーンの曲は場を盛り上げるために目立ってもいいのですが、静かな場面で流れる曲は、主張をしすぎて台詞などを邪魔することがあってはいけません。

　そうやってプレーヤー視点の曲づくりを行っているので、もっともやりがいを感じるのも、プレーヤーとして完成したゲームにふれるときですね。つくっているさいは、ディレクターの方からの指定のみで、曲が流れる場面が把握できないこともあるので、思いもよらぬ場面で自分のつくった曲が使われていると、「ここで使ったんだ！」という意外性もあり、とてもおもしろいです。

　日常生活で気をつけているのは、まず第一に健康ですね。風邪を引くと歌えなくなって

スタジオでのレコーディング　　取材先提供

しまうので。あとは、音楽として自分のなかのものを出してばかりいると書けなくなってしまうので、きれいなものを見るなどインプットを意識しています。私は宇宙や化石が好きなので、そういったものを趣味で集め、眺めたりしていますね。

もちろん、趣味を兼ねつつ音楽のインプットを行うことも大事です。私の場合、もともと音楽を聴くのが好きなことに加え、レコーディングに向かう行き帰りの電車の中などで、音楽ニュースのヒットチャートなど、すべてのジャンルの楽曲を見て、流行を確認しています。演奏会に行き、お客さんの一人として生演奏を楽しむこともありますね。

たくさんのジャンルに足を踏み入れてみたい

曲数の多い大規模なゲームの仕事などで、複数の作曲家の方と同じタイトルにたずさわることがあります。そんなとき、私は癒やしの音楽や、感情に寄り添った静かな曲を依頼されることが多いですが、作業をしながら、「ハードな曲もつくってみたいな」と思うこともあるんですね。いつかは、海外の大きなオーケストラで録音してみたいです。

仕事をするたびに、浄書のやり方やオーケストラの手法、日々新しくなるパソコンの音楽作成ソフトなど、勉強することがたくさん出てきます。やりたいことが尽きないのは楽しいですね。また、ゲームに限らず、いろいろなジャンルの仕事にたずさわってみたいとも考えています。将来的には大好きな大河ドラマの作曲をしたいです。

ゲーム音楽に興味をもつ人に伝えたいこと

私は専門学校でゲーム音楽についても教えています。そこで生徒たちに伝えているのが、ゲームのサントラ（劇中音楽を収録したアルバム）ばかり聞かないでほしいということ。私たちの仕事は商業音楽なので、自分の表現のみを追求する芸術作品とはやり方も異なります。商業音楽の場で活躍するには、とにかくいろいろなジャンルの音楽を聴いて、今売れているものや、世の中の人に親しまれている曲は何か、それはなぜかということを考えることが大切です。

私は人に勧められてビートルズを聞くようになったのですが、曲が良いだけでなく、インドを訪問していたりと、おもしろいエピソードがたくさんあります。自分が好きな作家の源流を知って、彼らはそれをどう売れる音楽の源にしていたのかを探ると、きっとたくさんの発見があるはずです。

今は、インターネットなどですべてを自分で完結させて楽曲を発表することはもちろん、無料でセミプロの作品にふれることもできます。もちろんそういった経験も糧になりますが、たくさんの人がかかわっている商業的な視点の入った作品を聴き、視野を広げてほしいですね。

人を知り、社会を知ることがいちばんの近道

フリーランスの仕事は、不安感との闘いがあります。膨大な量の仕事をこなした後に、ふと休みができると、「手元の仕事がなくなったけれど、この先だいじょうぶなんだろうか……」という気持ちに襲われるのです。そ

清田さんのオリジナルアルバム『VOICES2』　取材先提供

の不安に耐えられない人に、フリーランスで仕事をするのは難しいかもしれません。加えて、会社に所属していても、社内で自動的に仕事が回ってくるわけではないので、ある程度人づきあいが得意でないと自分に名指しで仕事の依頼は来ません。連絡への返事の早さや、締め切りを守ることも重要です。

フリーをめざす場合は、まず会社員を経験して、人とのコミュニケーションや基本的な仕事の流れを学び、自分に名指しで仕事の依頼が来るようになってから独立することが望ましいと思います。音楽に関しても、ゲーム業界では社員として会社に所属し、仕事をするという道がありますから。

私は会社員の経験はありませんが、歌手デビューをしたころは地方での歌謡ショーに出演したり、地元のラジオやテレビに出させていただいたりしました。どれも、今となっては貴重な体験です。さまざまな経験を通して社会を学び、いろいろな音楽を聞いて、視野を広げる……遠回りなようで、それがもっとも作家への近道だと思います。

3章

ドキュメント ゲームづくりとつながる人たち

ドキュメント 6 プログラマー

みんなのイメージをゲーム上で実現していく仕事

あまた
藤澤寛子さん

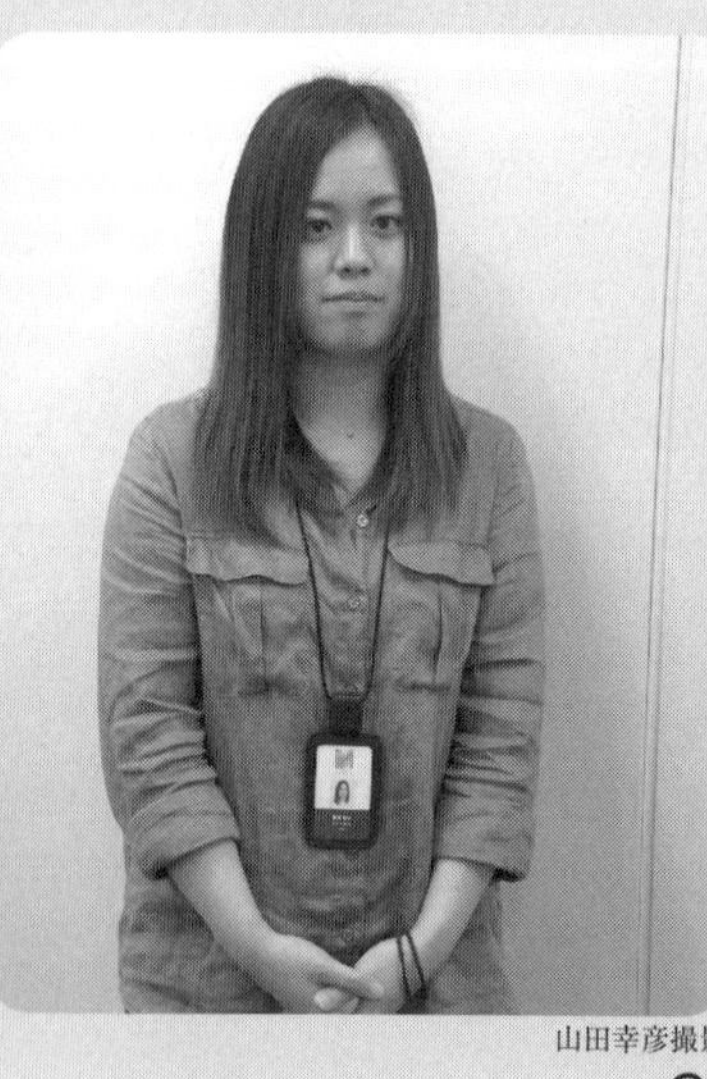

山田幸彦撮影

藤澤さんの歩んだ道のり

高校時代、ゲーム業界で仕事がしたいと思い立ち、専門学校を経て、東京のゲーム会社に就職した藤澤さん。現在はチームをまとめる「エンジニアリーダー」として、スタッフとの連携をとりつつ、プログラマーの仕事をしています。「プログラミングという言葉を聞いたことはありますよね。ゲームづくりの楽しさにふれたあとは、プログラム言語を学んでみてはどうでしょう」。

現在の仕事を志すまで

高校生になって進路を考えたとき、大学に進もうか、専門学校に行こうかと悩みました。はじめは大学をめざしたのですが、将来、自分が興味をもっている分野の仕事に就きたいなと思い、「好きなもの」を考えたとき、それがゲームだったんです。漫画とかアニメも好きだったので、そういう業界をめざすことも考えましたが、家族みんなが好きで楽しんでいたのはゲームでした。つくることにも興味をもっていたため、ゲーム系に強い専門学校に進学することを決めました。ちょうど、家から通いやすいところにあった、コンピュータ系の専門学校です。もし、ゲーム系の仕事につけなくても、ＩＴ系の仕事につけると考えました。

入学したころは、ゲーム業界にどんな仕事があるかもまったく知りませんでした。今やっているプログラマーの仕事も、学校に入ってから知ったのです。その後、この業界にいろいろな職種があることを知っていくにつれて、自分は企画を練ったり絵を描いたりするのではなく、プログラマーが向いているのではないかな、と考えるようになっていきました。

専門学校に3年間在籍して、卒業後に上京し、今の会社に新卒で入社しました。私の学年でゲームの学科にいたのは１１０人ほどで、そのなかでゲーム会社に就職したのはおよそ10人。今でも交流は続いています。

「あまた」は新卒採用に力を入れているので、毎年多くの人が入社してきます。会社設立から10年ほど経ちますが、社員の約3割は新卒採用の人ですね。

現在は、私のような5年ほど前に入社した社員が、リーダーなど、チームを指揮する立場になり始めています。

プログラマーは何をする？

プログラマーは、プログラミング言語を使って、実際にゲームの機能をつくっていくのが仕事です。仕事内容は、大きく分けて2種類あります。

一つは、キャラクターの動きや、ボタンを押すと反応をするなど、プレーする人の目に見える部分のプログラムを書く「クライアント」。もう一つは、ゲームをプレーする人の情報の管理など、見えない部分を担当する「サーバー」。プログラマーとひと口に言っても、そのなかにはさまざまな役割分担があるのです。

「クライアント」の仕事は、ゲーム全体の仕様をまとめるプランナーからの「この機能をつくってください」という依頼から始まります。デザイナーなど、ほかのスタッフと連携をとりつつ、プランナーの意図通りの機能をつくりあげていきます。「このボタンを押すと光る」といったシンプルなものから複雑な演出まで、つくる機能もさまざまです。ゲーム内容によって変わりますが、私が所属しているプロジェクトチームでは、「クライアント」と「サーバー」と合わせて、14人ほどのプログラマーで作業をします。

私は「クライアント」の「エンジニアリーダー」という立場で、ほかのプログラマーの人たちに仕事を振り分けていくのが主な仕事です。会社では、家庭用のスマートフォン、

料金受取人払郵便

本郷局承認

4584

差出有効期間
2023年1月31日
まで

郵便はがき

113-8790

(受取人)
東京都文京区本郷1・28・36

株式会社 ぺりかん社

一般書編集部行

購入申込書

※当社刊行物のご注文にご利用ください。

書名		定価[　　円+税] 部数[　　部]
書名		定価[　　円+税] 部数[　　部]
書名		定価[　　円+税] 部数[　　部]

●購入方法をお選び下さい（□にチェック）

□直接購入（代金引き換えとなります。送料+代引手数料で900円+税が別途かかります）

□書店経由（本状を書店にお渡し下さるか、下欄に書店ご指定の上、ご投函下さい）

番線印（書店使用欄）

書店名

書　店
所在地

書店様へ：本状でお申込みがございましたら、番線印を押印の上ご投函下さい。

※ご購読ありがとうございました。今後の企画・編集の参考にさせていただきますので、ご意見・ご感想をお聞かせください。

アンケートはwebページでも受け付けています。

URL http://www.perikansha.co.jp/qa.html

書名 No.

●この本を何でお知りになりましたか?

□書店で見て　□図書館で見て　□先生に勧められて
□DMで　□インターネットで
□その他 [　]

●この本へのご感想をお聞かせください

・内容のわかりやすさは?　□難しい　□ちょうどよい　□やさしい
・文章・漢字の量は?　□多い　□普通　□少ない
・文字の大きさは?　□大きい　□ちょうどよい　□小さい
・カバーデザインやページレイアウトは?　□好き　□普通　□嫌い
・この本でよかった項目 [　]
・この本で悪かった項目 [　]

●興味のある分野を教えてください(あてはまる項目に○。複数回答可)。
また、シリーズに入れてほしい職業は?

医療　福祉　教育　子ども　動植物　機械・電気・化学　乗り物　宇宙　建築　環境
食　旅行　Web・ゲーム・アニメ　美容　スポーツ　ファッション・アート　マスコミ
音楽　ビジネス・経営　語学　公務員　政治・法律　その他
シリーズに入れてほしい職業 [　]

●進路を考えるときに知りたいことはどんなことですか?

[　]

●今後、どのようなテーマ・内容の本が読みたいですか?

[　]

お名前	ふりがな [　歳] [男・女]	ご職業・学校名	
ご住所	〒[　–　]　TEL.[　–　–　]		
お買上書店名	市・区 町・村　書店		

ご協力ありがとうございました。詳しくお書きいただいた方には抽選で粗品を進呈いたします。

ゲーム内容によってシンプルなものから複雑なものまでさまざま　取材先提供

VRなどのゲームをつくっていますが、現在私が担当しているのは、スマートフォンゲームです。シンプルな内容のものならばおよそ半年でつくれますが、大きな規模の作品では、早くても1年、長くて2年ほどかかります。

現在、プログラムには主に「C#」という言語と、ゲームをつくるのに必要な機能が内包された「ゲームエンジン」の「Unity」を使っています。

エンジニアリーダーとして感じる難しさ

プランナーが希望する機能をゲーム内で実現していくのがプログラマーの仕事ですが、すべてが簡単にいくわけではありません。要望を受けたプログラマーは、どう実現できるのか、実現には技術的にどのようなハードルがあるのか、そもそも実現できるのか、などを考えなければなりません。もちろん、期限内につくりあげるスケジュールの管理も求められます。

仕事の時間は、波があります。ふだんは定時に出社して定時に帰るというスケジュールですが、ゲームのリリース直前はどうしても忙しくなっていきます。完成に向け、残っている不具合をすべて直さなければならないからです。

忙しくなってくると、現場がピリピリした空気になることもあります。でも、そういう場面だからこそ、質問されたときには忙しいからと後回しにしたり、おざなりな返事をしたりしないようていねいに答えるなど、エンジニアリーダーとしてプログラマーの作業が止まらないやりとりをすることを心がけています。忙しいのは、連携をとるデザイナーなどほかのスタッフも同じなので、そういった人たちとプログラマーがうまくコミュニケーションをとれるように橋渡しをする気配りも大切ですね。

主に手がけているスマートフォンゲームの場合は、リリース後に「運営」という期間に入ります。リリースした後、ゲームに不具合が見つかれば修正を行い、ゲーム内でのイベントも開催して、プレーする人を飽きさせないことが目的となります。

そうしたなかで、プランナーの案を理想的な形でゲームに組み込めて、チーム内が良い雰囲気になったときは、達成感を感じますね。

コミュニケーション能力も大切

プログラミングのスキルはもちろん大事です。プログラマーというと、ずっとパソコンに向かっているから、人とのコミュニケーションが苦手でもだいじょうぶだと思われがちですが、実はコミュニケーション能力が求められる場面は多いのです。ゲームをつくるということはチームで働くこととイコールなため、人とのかかわりが避(さ)けられないからです。コミュニケーションが苦手な場合、どれだけ技術があっても、うまくそれが人に伝わらず、評価してもらえないこともあります。ほかの人と作業をしていくことに関しては、今から大事に考えてほしいですね。

新卒で入ったとき、「新しい機能を入れてほしい」と依頼(いらい)されたさいに、忙(いそが)しさのあまり「それは少し面倒(めんどう)で……」というニュアンスの書き方で、メールに返事をしてしまったことがあります。そのときに、先輩(せんぱい)から「ああいう書き方はよくない」とお叱(しか)りを受けま

あまたの社内　　取材先提供

した。業界を知る人からそうした場面で叱ってもらえることは貴重な経験でしたし、そんな経験があったからこそ、「仕事でのコミュニケーションを大事にしよう！」と意識する今の自分がいると思っています。

そして、一日中パソコンと向かい合って文字を打ち込んでいく仕事なので、「プログラムを書いていて楽しく思えるかどうか」という点も大切です。

私が専門学校に入ったときはゲームエンジンの「Unity」が開発されて間もないころで、授業で取り上げられることはありませんでした。この言語を書いたらこう動いて……という理論的な話が多く、正直、ついていけなかったんです。「自分には向いてないのかな……」と思う時期もありました。

でも、今はゲームづくりやプログラミングに手を出すハードルが以前よりも低くなっているので、まずはゲームエンジンにふれて、楽しさを知るところから始め、それからプログラム言語を学んでいくのが、プログラマーへのいちばん一番の近道だと思います。

ハイブリッドな仕事人をめざして働きたい

過去になかった「Unity」が現在では広く普及しているように、ゲーム業界の技術の進化はすさまじいものがあります。

そのため、社内で各部署の人が勉強会を開くことがあります。プログラマーの場合は、ゲームエンジンの新しい機能など、仕事で役立つ情報の紹介などですね。気軽に誰でも勉強会を開けるようになっているので、スケジュールに余裕がある時期に、「知ってほしい！」という熱意のある人が率先して行っています。

勉強会以外だと、私の会社には社内の人間にしか見られないSNSのようなツールがあり、そこにゲーム業界の新情報を共有するチャンネルがあります。プログラマーの情報や、ほかの業種の技術に関しても、そこで仕入れることがありますね。

個人的に、Twitterで「Unity」を使用している人のアカウントをフォローもしています。そこから、技術的な発信をしているほかの人の存在を知ることもできます。

ゲーム業界は、「新たに現れた技術も5年で使えなくなる」といわれるほど、情報のスピードが早い世界です。置いていかれないように新しい技術を追いかけることは大変ですが、同時にわくわくもしますね。

今、私の目標は二つあって、一つは今のプロジェクトを無事リリースさせて、ユーザーに届けること。もう一つは、「サーバー」側の仕事にもチャレンジしてみることです。「クライアント」も楽しいのですが、エンジニアリーダーを担うことで、サーバーの知識を求められることが多くなりました。「クライアント」と「サーバー」の両方を担当できる、ハイブリッドな人材になりたいですね。

ドキュメント 7 品質管理

ゲーム開発の「最後の砦」

スクウェア・エニックス
安倍祥子（あべさちこ）さん

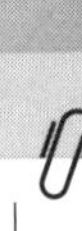

安倍さんの歩んだ道のり

ヘアメークの仕事から一念発起をして、ゲーム業界へと転職。アルバイトの品質管理スタッフからキャリアをスタートさせました。現在では正社員となり、ゲームをプレーしながらプログラムの不具合をチェックする品質管理のまとめ役「リードクオリティーアシュアランス」として活躍（かつやく）。作業の大変さはゲームによってさまざまで、その都度工夫を積み重ねています。

美容業界からゲームの品質管理へ

私は昔からゲームが好きだったのですが、最初からこの業界にいたわけではありません。ゲーム内の不具合を見つける（デバッグ）専門の会社に勤めている友人がいて、「ゲーム業界には、そういう仕事もあるんだ」と思っていたくらいでした。

もともとは大阪で、ヘアメークの仕事をしていたんです。途中から上京し、10年ほどヘアメークを続けていたのですが、立ち仕事で腰を痛めたりと、個人事業主としての仕事に、だんだんと疲れを感じるようになりました。

そこで、「何か別の仕事をしてみようかな」と考え始めたとき、今勤めている会社の品質管理部がアルバイトを募集していることを知りました。当時は30歳になる直前で、「30歳を越えるとチャレンジできなくなってしまいそうだし、タイミング的に今しかないな」と思い、新しい道に踏み出してみたんです。

それが業界に入ったきっかけです。

品質管理の仕事とは？

最初の1、2年は、指定されたゲームをプレーし、バグ（プログラムの不具合）をチェックしていく「テスター」のアルバイトをしていました。続けていくなかで、テスターをまとめる仕事に興味をもち、上司にそのようなスタッフになりたいと申し出たんです。

アルバイトをまとめる立場の人は社員であることが前提なので、面接を受けて契約社員になり、現在では正社員として、リードクオリティーアシュアランス（QA）という立場で仕事をしています。

リードQAの主な仕事は、チェックの方針を考えて、アルバイトのテスターに仕事をお願いすることをはじめ、チェックを外部委託するさいの依頼や、ゲームを開発しているスタッフの人たちの窓口になることです。デバッグの予算管理も行います。

品質管理のおおまかな流れとして、まずは販売されるソフトとは違う、デバッグをする機能がついた専用のソフトを用意してもらいます。

最初に行うのは、システムのチェック。決定ボタンを押したら、ちゃんと攻撃ができるのか、などですね。つぎに、データのチェックをするんです。たとえば、アイテムが１００種類あったとしたら、すべてがゲーム内で入手できるのか、開発者の考えた通りの効果を発揮できるのか、などを調べます。

データは書面でのチェックも行いますが、最終的にはゲーム内での検証が主になります。それらがすべて終わったら、ゲームを通しでプレーし、バグをチェックしていきます。

そうして見つかったバグをリストアップし、「これは直したほうがよいです」と開発スタッフに伝えていきます。

品質管理部は、現在、始業と終業の時刻を従業員の裁量で決められるフルフレックスタイム制の方が多いので、朝から来ても、お昼過ぎに来ても、規定の仕事さえこなせばいいことになっています。ただ、私のようにテスターとやりとりをする職にある人は、テスターの勤務時間である10時半から18時には会社にいるようにしています。

社内にも常駐するテスターがいますが、規模の大きいゲームの場合は、外部の品質管

スタッフといっしょに不備をチェック　取材先提供

理会社に協力をお願いし、100人単位でデバッグをすることもありますね。

ゲームをするのが仕事だが……

「ゲームができて、お給料をもらえるなんてすてきじゃない!?」と思われる方がいるかもしれませんが、自分の好きなゲームを好きにできる仕事ではありません。

たとえば、仕事のなかで「コリジョンチェック」というものがあります。ゲーム内のマップの壁にひたすらキャラクターで当たり続けて、すり抜けてしまう場所を探す作業です。歩いて当たる、走って当たる、敵に吹き飛ばされて当たる……など、いろいろなパターンを試すのですが、単純作業なので、とても大変です。

私が契約社員になったときの社内説明会で、

人事部の人が「品質管理部は、世に出る前の最終チェックをする場所で、最後の砦（とりで）」と言っていたんです。だからこそ、頭を柔（やわ）らかくして、いろいろな角度からものを見て、不具合を見つけられる人が向いている仕事かもしれませんね。

実際、品質管理部は、前の仕事ではデジカメの品質管理をやっていた人など、「これまで仕事でゲームにかかわっていなかったけれど、品質管理に必要な視点をもっている」というスタッフが多いような気がします。

バトルの計算式をさせれば一番の人など、一つのことに特化したスキルをもつ人もいます。ゲームが好きに越したことはありませんが、上の立場になればなるほど、広い視野が求められます。

最終工程なので、時間との闘（たたか）い

品質管理部に仕事が回ってくるのは、開発スケジュールの最後です。そのため、発売日から生産期間などを考慮（こうりょ）して、デバッグはこの期間で……と、決められた時間のなかで、ユーザーに不利益となる要素を限りなくゼロに近づけることが求められます。

これ以上デバッグ期間が縮まると、「スタートからクリアまで、最低限ゲームの要素を満たしているかは確認できるけれど、おもしろさまでは担保できません」と伝えるときもあります。ギリギリまでつくり込（こ）みたいという開発側の気持ちも理解はできるので、難しいところです。

作業の大変さは、ゲームによっても変わります。スマートフォンのゲームなど、発売後

も長期間にわたってサービスを続けていくゲームはどんどん追加要素が増えてくるので、毎回チェックをしなくてはなりません。そういう場合、時間がいくらあっても足りないので、変更がない部分は大まかな確認で、追加部分を集中的にチェックするなど、作業の方法を変えることで対応していきます。

　また、現在は家庭用ゲーム機とパソコンの両方で発売するゲームも多いので、機種ごとに対応した画質の設定や、ＵＩ（ユーザーインターフェース）の確認をする必要があります。「プレイステーション４」ならだいじょうぶでも、「プレイステーション４ Pro」で４Ｋの解像度で動かした場合は正常に動作するか、といったチェックも必要になります。

　いちばん大変なのが、「プレイステーション４」とSwitch、パソコン、アンドロイド

打ち合わせを重ね、社外の人ともコミュニケーション　取材先提供

携帯、iPhoneと、5機種で発売されるソフトです。特にスマートフォンはコントローラーではなく画面タッチでの操作が主となるため、チェックに倍の時間がかかります。

　私は他部署と連絡をとりあうことが多いので、忙しいなかでもコミュニケーションを大事にするよう心がけています。社内、社外に関係なく、コミュニケーション不足で認識にズレが出てしまうことが過去にあったので。開発側も、新入社員の人が窓口を担当していて、品質管理部とどう連絡をとりあえばよいのかわからないケースもあるんです。そういうときには、こちらから「なんでも質問してください」とお伝えするようにしていますね。

　それらの作業を経てゲームの発売日を迎えたら、私はネットで評判を調べるんですよ。そのときにユーザーのみなさんがおもしろいと言っているのを見ると、うれしくなりますね。電車内で私がかかわったゲームをやっている人を見かけたときにも、品質管理にこだわってよかったと思います。

　ソフトの容量も増えている現在では難しいかもしれませんが、いつかは不具合ゼロのゲームを出したいですね。

比較的間口の広い部署

「ゲーム業界に入りたいけれど、何ができるかわからない」という人は多いと思います。そんな人でも、すぐに始めやすい仕事が品質管理です。ゲームが好きでやり込む人は、いろいろな視点でゲームを見るタイプが多いですから。そういった意味では、間口が広い部署だと思います。また、ゲーム業界の流れを知ることができて、さまざまな部署とかかわれるのも、大きな利点です。品質管理部からプランナーになったりとか、開発プロジェクトを統括する立場になる人もいます。

この部署にいると、ゲームを隅から隅まで知り尽くすことになるんです。そして、ゲームをするなかで、「こうすればもっとおもしろいのに！」などと考えるようになり、プランナーとして理想の企画を自分でつくろう、と思い立ってほかの部署に……ということもあるでしょう。

そして、品質管理にかかわらず、ゲーム業界に入りたいなら、自分が好きなジャンルのゲームだけでなく、いろいろな種類のゲームにふれてほしいと思います。ある程度アンテナを張っておかないと、「苦手なものが実は自分に向いていた」と発見する機会を失ってしまうのではないかなと思います。ゲームに限らず多彩なものにふれるなかで、「昔は知らなかったけれど、実はこういうところがおもしろいんだ！」というのを見つけられる人は、ゲーム業界に向いているのではないでしょうか。

ドキュメント 8 eスポーツ運営

ゲーム大会の運営やマネジメントをする仕事です

ウェルプレイド
谷田優也さん

取材先提供（以下同）

谷田さんの歩んだ道のり

ゲームに親しむなかで、ゲームをスポーツ・競技としてとらえる「eスポーツ」という新たなエンターテインメントを普及させ、盛り上げたいと考える谷田さん。現在は、企画から選手のマネジメントまで、eスポーツのすべてを取り仕切る会社の代表取締役を務めています。前例が少ない新しい世界なので、常にチャレンジを続ける日々！

ゲームが得意な子が評価される世界をつくりたい

ファミリーコンピューターが発売された1985年、僕は3歳でした。新しいもの好きな両親だったことから、そのころからゲーム機が家にあり、とても身近な存在でした。

ゲームを楽しむ一方で、「遊んでいてこれだけおもしろいのだから、つくったら100倍おもしろいんじゃないか？」と思うようになりました。そのためには何が必要なのかを調べて、コンピュータの専門学校でプログラミングを学ぶことにしたんです。

最初の就職先は、ゲーム業界ではなく、携帯電話のサイトやサービスをつくる会社でした。そこでさまざまな仕事をこなすなか、携帯ゲームの紹介なども行っていました。その経験が認められて、ゲーム会社に入ることになり、プロデューサーなどの仕事を通してゲーム開発にたずさわっていたのですが、私生活では、今までそれほど興味のなかった格闘ゲームに没頭するようになりました。

30歳のころ、ある格闘ゲーム内のランキングで、アジア4位になったことがありました。すると、海外の大会に招待されたり、Twitterでコントローラーが壊れたとつぶやいたら、知らない人から新品が送られてきたりするなど、ゲームのコミュニティー内で有名人になったことで、さまざまなうれしい経験をしたんです。そのときに、スポーツができる人や、学校の成績が良い人が評価されるように、ゲームの上手な人も世間一般に評価されてもいいのではないか、正しく評価される世界をつくれないかと思いました。

共同で代表取締役社長を務めている髙尾恭

平も、当時はゲーム会社の子会社の社長をやっていて「ゲームがオリンピック競技に採択される日が来てほしい」という夢をもっていました。そんな彼とゲームセンターで出会って意気投合し、今の会社をつくったのです。

eスポーツを盛り上げるために

アメリカのラスベガスで、毎年８月に「Evolution Championship Series（EVO）」という格闘ゲームの世界大会があるのですが、毎年１万５０００人から２万人が会場に集まります。

２０１５年の大会では、開催期間中に１秒でも試合の配信映像を見た人が、世界で約１８００万人。日本でも約１４０万人が視聴していました。決勝は世界で28万人が見ていて、そのうちの10％が日本人でした。それを知ったときに、日本はｅスポーツを受け入れられる国になっているんだと思いました。

私たちの会社では、ｅスポーツの大会の「設計」を行っています。

たとえば２０１７年、あるスマートフォン向けゲームを運営する会社から依頼がありました。

ひとつは、「世界一を決める大会がロンドンであるから、日本代表を決めてください」、もうひとつは、「その代表をみんなに応援されるヒーローにしてください」というものでした。

そのゲームは、全国大会の予選で４万人が参加するほど人気があったのですが、その４万人が納得するためのルールをつくる「ルール設計」をまず行いました。

５カ月間連続で予選をやって、上位数名が

eスポーツの大会には、多くの観客が集まる

ポイントを獲得して、そのポイントの累計数が高い選手が予選の最終戦に出場するというシステムを考えました。さらに、最終戦はテレビ番組にも使われるスタジオを借り、ネットで誰でも観られるようにして、エンターテインメントにしました。

ネット配信するさいも、選手の情報を映すなど、スポーツ番組のような画面デザインを考えました。そのようにして、ゲーム会社の要望を叶えつつ、プレーヤーの納得するルールを考え、視聴者がおもしろいと思う番組づくりをし、大会を盛り上げていったんです。

プロゲーマーのマネジメントも仕事

そのスマートフォン向けゲームの大会で優勝したのは、専門学校に通っていた18歳の男の子でした。彼は、この番組に出演して優勝することで有名になり、人生が劇的に変わったんです。そんな彼が、「プロゲーマーとして活動したい」と相談してきました。彼の熱意に共感し、願いを叶えるために、ゲーム会社の社長と僕とでご両親を訪ねて契約のことや、彼を守るために会社がどのようなことをするかをていねいに説明し、彼のためにマネジメント事業部を発足させました。

以来、彼だけでなく、ほかのプロゲーマーのマネジメントも行っています。大規模なゲームになると、年間で行われる大会は50以上にもなります。先週はニューヨーク、来週は台湾……というように、世界中を飛び回って戦わなければならないんです。

すでに知名度のあるプロゲーマーは、所属している会社や、スポンサーの支援を受けてすべての大会に行けるのですが、社会人や学生として生活しながら活動しているゲーマーが渡航費などの活動資金を出すことは難しいでしょう。そういうときに、われわれが資金援助をして、チャンスを与えるようなこともします。

eスポーツはまだまだ業界として未熟なのが現実です。だからこそ、参加する人たちが迷わないように道案内をすることが求められます。たとえば、学生が大会で優勝して、賞金１２００万円を手に入れたら、喜ぶよりも前にどうしたらいいかわからないと思うんです。そういうとき、相談に乗り、スポンサーと契約するための契約書をいっしょに見て、なぜスポンサーがついたのか、彼らは何を期待しているのかということを教えていくのもマネジメントの仕事です。

また、プロゲーマーには、礼儀や人間性も

世界的大会での優勝トロフィー

求められます。たとえば、大会が終わった後のインタビューで、「今の試合、いかがでしたか?」と聞かれて、「特にないです」と答える選手は、見る側にとっておもしろくないじゃないですか。インタビューを受けるときの態度や、相手に好感をもってもらえるような話し方ひとつで、ゲーマーに対する世間の見方が左右されます。そういうときの応対の仕方なども伝えていきます。さらに、若い人が多いので、税金の申告の仕方についての講習会も開きます。プロゲーマーという仕事が世間に認知されるよう、あらゆるサポートをしています。

道を探す力が求められる

インターネットで「eスポーツ運営 働き方」と検索しても、具体的な働き方はあまり出てこないと思います。図書館などで探しても、それを教えてくれる本は、今のところほとんどありません。そんな状況で、僕たちの仕事は、eスポーツを盛り上げるには、何が必要なのかを考えることから始まります。

競技に使うゲームソフトは僕らのものではないということも、仕事の難しさにつながります。サッカーチームは、サッカーを考えた人に許可を取らなくても試合ができます。でも、僕らが開くゲーム大会は、必ず商品として開発した会社が存在します。ですから、プレイヤーとゲーム会社、それぞれの理解を得ながら番組や大会をつくる必要があるのです。

メーカーからの要望のすべてを叶えてもユーザーは付いてこないし、ユーザー目線だけでイベントをつくっても、視聴者のことを考えなければいいイベントにはなりません。ゲーム大会にかかわるみんなが納得できる落としどころを見つける力が求められます。

前例が少ない新しい世界なので、いつも手探りで道を探し続け、少しでもよい方向へ進んでいこうとする気持ちがとても大切です。

チャレンジし続ける人、求む!

将来の仕事を模索するなかで、ゲームが好きだからeスポーツを仕事にしたいと思う人たちはたくさんいると思います。でも、いろいろな楽しさ、経験を経た人こそ、活躍できる世界なので、ゲームをするだけでなく、学生のうちにさまざまなことを経験してほしいですね。また、まだまだ前例が少ないので、新しいことにチャレンジできる人が求められています。この業界をめざしたいと思っているなら、何かにチャレンジし続ける学生生活を送ってほしいと思います。

僕も、システムエンジニアの知識、プランナーとして企画をつくった経験、多人数をまとめるディレクターの仕事など、これまでの人生で得たすべてのスキルが、eスポーツの世界に入ってから役立っています。

個性あふれるスタッフが働くウェルプレイド

おもしろいと思うことにチャレンジし続けたなかでゲーム業界を選べば、長続きもするし、自分の力を発揮できると思います。強い個性をもっている人を業界は求めている、と覚えておいてください。会社の採用に関しても、学歴は問わず、おもしろい体験や、情熱をもって何かにチャレンジしたことのある原体験をもっている人が欲しいと思っています。

実際、僕たちの会社では、大手芸能事務所に所属していた人から、中学を卒業してクレーンをつくる仕事をしていた人など、さまざまな個性をもつ、魅力的な人たちが働いています。

会社運営のための部署や専門性に特化した会社

ほかにもある、こんな職種

本書でここまでに紹介した以外にも、さまざまな形でゲーム業界にかかわっている人たちがいます。

大手のゲーム会社では、人事や経理、総務など、一般の会社と同じような会社運営のための部署もあります。ほかの業種の会社にもありながら、特にゲーム会社ならではの特徴のある職種をいくつか紹介しましょう。

・法務・知的財産部

ゲームには、イラストや音楽、キャラクター、画面構成、ストーリーなど、さまざまな表現がなされます。その権利を保護するのが著作権です。また、コントローラーやタッチパネルを使った操作方法など、ゲームにかかわる仕組みを保護するものに特許権があります。

　そのようなものを創作した人や会社の権利を守るのが、法務・知的財産部の仕事です。法務・知的財産部には、弁護士や弁理士などの資格をもった人がいて、会社の権利を侵害されたケースでの訴訟や、逆に訴訟を起こされた場合の対応を行うこともあります。また、自社の製品が他社の作品の権利を侵害していないかなどのチェックもします。

　特許は特許庁に申請しなければならないのですが、知的財産の専門家としてそのような手続きを専門にする弁理士という仕事もあります。弁理士は国家資格ですので、弁理士試験に合格した人しかなれません。

・広報・宣伝部

　広報・宣伝部は、自社のタイトルやサービスを広く認知させるための方法を考える仕事をしています。テレビコマーシャルや雑誌記事、インターネット広告など、どのようなメディアで、どのように宣伝をすれば多くのユーザーにゲームの情報が届けられるかを考え、実行します。

　また、インターネットや本に載るスタッフのインタビュー記事が、ゲームの宣伝にふさわしいものなのか、しっかりと読者へ意図が伝わる内容になっているか、インタビューを受けた本人とともにチェックをするのも仕事のひとつです。

ゲーム業界ならではの宣伝の例として、他企業と連携をとることで、日用品やスマートフォンなど、実在する商品をアイテムとしてゲーム内で取り扱うコラボレーション企画を考案することもあります。

専門性に特化した会社もある

大手の会社には、ゲームをつくるうえで必要なさまざまな部署があります。しかし、大きな作品をつくるとなると、会社内の人だけでは手が足りないときもあります。たとえば、プログラムをつくるのに、１００人以上の人がたずさわらなければならない作品もありますし、ゲームが正常に動作するかを検証するデバッグの仕事では、何十種類もあるすべてのスマートフォンの機種でゲームができるかを確かめなければならないので、何百人もの人が必要です。そのために、ゲームをはじめから終わりまでつくるのではなく、プログラムだけ、デバッグだけ、シナリオだけ、映像だけなど、一つの業種を専門とする会社もたくさんあります。

つぎに紹介する、あまたは、家庭用ゲーム機やスマートフォンのゲーム開発に加え、ＶＲ（バーチャリアリティー）というゲーム世界に自分が入ったような感覚になるゲームに力を入れている会社です。その専門性について、「VRとは何か?」ということを含めて紹介します。近年、成長のめざましい「VR」について、注目しながら見ていきましょう。

新しいゲームジャンル「VR」

VRは、「ヘッドマウントディスプレー」と呼ばれるヘッドセットを被り、視界全体にゲーム画面を映し出します。さらにプレーヤーの頭や体の動きをセンサーで感知させるなどして、まるでプレーヤー本人がゲームの世界に入り込んだかのような、仮想現実体験をすることができる、昨今注目されているゲーム形態です。

　VR体験をする機器そのものは、30年以上前の1960年代から存在します。現在のヘッドマウントディスプレーは、中に小型のモニターが入っ

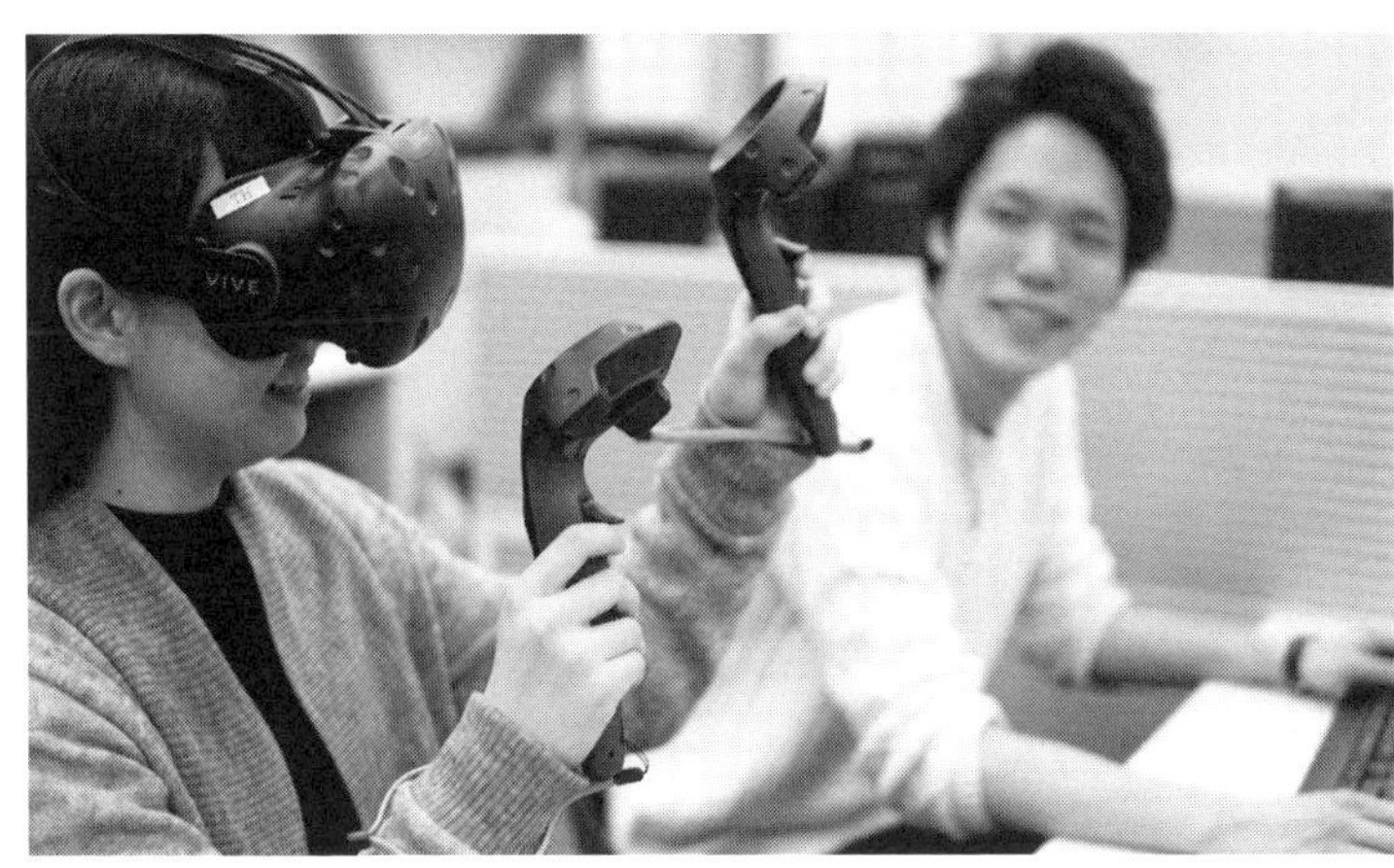

ヘッドセットを被り、ゲームの世界へ入るVR

専門学校HAL（東京・大阪・名古屋）提供

ており、右目と左目に映像を映し出しますが、30年前は小型のブラウン管を内蔵していました。さらに、顔の向きを検知するセンサーも、３ＤＣＧを生成するコンピュータも高額なので、ＶＲを楽しむには数百万円から数千万円というお金がかかり、当時は一般的ではありませんでした。

その後、技術の進化が進むなかで、手頃なコンピュータでもリアルな描写ができるようになりました。加えて高画質の液晶、有機ＥＬ（自家発光式）の画面、センサーも安価になり、現在では一気にＶＲ機器が身近になりつつあります。あまた代表取締役の高橋宏典さんはつぎのように話します。

「初期の家庭用ＶＲは部屋の角にセンサーを設置して、プレーヤーの位置を検出する機能があったのですが、最新の物はヘッドマウントディスプレーにカメラが内蔵されており、それによってプレーヤーの位置を計算することで、以前より狭い室内でも遊ぶことができるようになってきました。昔はその設備がある部屋でしか遊べませんでしたが、機器が体に装着できるものも出てきたので、機器さえあれば場所を問わずにできるようになりました。

とはいえ、「ロケーションベースＶＲ」と呼ばれる、遊戯施設に設置されたＶＲゲームも存在します。個人でＶＲで遊ぶには数万円から20万円の投資が必要ですが、施設では安価に遊べますし、スペースの制限が家庭よりも少ないことを活かした、激しい動きのできるゲームもあります」

VRゲーム制作では、基本的にはゲームの遊び方を設計するプランナー、遊ぶために必要な仕組みや素材を構築するプログラマー、CGアーティストなどがいるというスタッフのフォーメーションは同じです。

ただし、いくつかふつうのゲームとVRでは違うポイントがあると高橋さんは話します。

「視界すべてがゲーム画面になるために、『動かしているキャラは自分自身』という感覚が強くなるのです。

たとえば、ふつうのゲームの場合、戦闘シーンがあった後、イベントシーンが挟まり、通常の操作画面に戻る……という流れになる場面があります。通常では、カットの切り替えなどで、われわれスタッフがその場面で見せたいものをプレーヤーに見せていきます。ですが、VRの場合はプレーヤーの視界＝ゲーム画面のため、見てほしいものがあるシチュエーションでも、プレーヤーは明後日の方向を見てしまっている……といったことが起きがちです。

そこで必要なのが、「視線誘導」です。われわれスタッフが見てほしいと思う場所、キャラクター、アイテムをプレーヤーに見てもらうために、音や映像など、ありとあらゆるものを利用します。たとえば、空に大きな物体が現れる場面があるとしたら、周囲の人びとが騒ぎながら指差せば、プレーヤーも空を見上げたくなりますよね」

そのように、あくまでプレーヤーが無意識のうちにイベントを目撃する視線誘導は、VR作品をつくるうえで苦労するといいます。VRの演出もまだまだ発展途上の部分があり、試行錯誤しているそうですが、さまざまな可能性が秘められています。

フリーランスが活躍できるゲーム業界

音楽やイラストなど、創作する人の個性が作品そのものに大きく影響する場合や、個人の特殊な才能や技術が必要なときには、どこの会社にも所属していないフリーランスの作曲家やイラストレーター、シナリオライターなどに仕事を依頼することもあります。

たとえば、eスポーツの競技会で司会をする人なども、フリーの人が多いです。司会や実況をする能力のほかに、そのゲームにくわしく、ゲームの解説などができるスキルが必要なので、eスポーツ専門の司会をする人に依頼します。

4章

なるにはコース

適性と心構え

柔軟な思考力をもって、ものづくりに挑戦できる人

求められるのはどんなこと？

2章、3章のインタビュー記事で紹介（しょうかい）したように、ゲーム業界では、さまざまな人が、いろいろな働き方をしてゲームづくりに取り組んでいます。

今や全世界でエンターテインメントとして認められているゲーム。それをつくるゲーム業界で働くには、どんな適性や心構えが必要なのでしょうか。

好きなことを仕事にする

インタビューでは、プロデューサー、ディレクターから品質管理を担当する人まで、さまざまな人にお話を聞きました。それぞれ個性も仕事も、仕事に感じる楽しさや大変さも異なる人たちです。ですが、そんななかでも必ず共通していたのが、「ゲームが好きなこと」です。

仕事として、楽しいことも大変なこともあるゲーム業界ですが、そこを志望し、ずっと業界で仕事を続けられているのは、ゲームという媒体が好きだからこそ。「みんながおもしろいと思うゲームをつくりたい！」という気持ちで働いている人が多いように思います。また、ゲームだけでなく、企画をすること、イラストを描くこと、音楽をつくること、より良い映像をつくることなど、自分の仕事そのものが好きで情熱をもっている人がたくさんいます。そのような人たちの専門性を合わせて、最高のゲームをつくろうという意気込みがあります。物づくりの醍醐味を知っている人たちです。

仕事をしていくなかで解決が難しい問題にぶつかることがあっても、好きという気持ちがあれば、「なんとかしよう」という思いが湧きますし、好きだからこそ、仕事としてゲームのことを考え続けている日々の合間の余暇に、資料として新たなゲームを楽しみ、勉強と思わずに新たな開発ソフトを学ぶこともできます。その積み重ねは、ゲームを好きな気持ちがない人とは、大きな差となるでしょう。

ただし、仕事である以上、好きなことだけを毎日できるわけではありません。好きなこととして休日にゲームに没頭することと、スタッフの一員としてゲームをつくることとは、別の作業です。ときには、遊びでゲームをしていたころにはまったく興味のなかったジャンルを手がける場合もあるでしょう。ある意味では気が滅入るような作業をやることとなっても、苦手なことでもこれを機に好きになろうと、ポジティブな気持ちで仕事に向き合う力が求められます。

インプットの大切さ

ゲーム業界は技術の進化も早く、つぎつぎと新しい情報が出てくる世界です。話題作も続々と登場し、少しインプットを怠れば、あっという間に置いてきぼりになってしまう怖さもあります。

もちろん仕事に直接関係ある技術やスキルの獲得に打ち込むことも大事ですが、みんながあっと驚くストーリー展開、ｅスポーツやＶＲなど今まで存在しなかった仕組みや技術を考えつくには、自分自身のなかに引き出しをたくさんつくることが大切です。つまり、新たなアイデアのヒントとなるさまざまな体験や映画、小説などの作品を鑑賞するというインプットが必要なのです。

未知の世界を冒険するファンタジーや、未来を描いたＳＦ、そして時代劇まで、さまざまなジャンルのゲームが登場し続けており、昨日まで参加していた現場とは１８０度違う知識が求められる場面もあります。

それは逆にいうと、どんな知識でも役に立つ場面があるかもしれない、ということです。常に情報のインプットを欠かさないようにし、あらゆる場面に対応できる人は貴重です。

ゲームを好きな強い気持ちと、さまざまなインプットで得た知識、さらには自分がそれまでの人生で獲得した実体験や個性を武器にする。それが、ゲーム業界で活躍できる人材となる近道ではないでしょうか。

コミュニケーション能力が必須

ゲーム業界というと、連日パソコンに向かって仕事をこなしていけばよいのでは、と思われる人もいるかもしれません。ですが、実際はみんなで協力してひとつのゲームをつく

ちょっとした雑談から新たなアイデアが出ることも　スクウェア・エニックス提供

るのですから、人とのコミュニケーションが欠かせません。

職場の人たちと円滑な関係を築き上げ、打ち合わせなどで自分の意見を言うことも大切ですし、自身のイメージをほかのスタッフに伝えて共通認識とすることで、それぞれのスタッフが抱いている完成像のズレをなくすこと、報告や連絡を密にしてトラブルを未然に防ぐことなど、チーム制作ではいろいろな場面でコミュニケーションが必要になります。企画やアイデアを魅力的に発表する、プレゼンテーションの力も大切です。

自身の才能を正しく評価してもらうためには、結果を出すことはもちろん、ふだんから自分を知っておいてもらうことも必要ですし、さまざまな場面でコミュニケーションが求められます。

学生のあいだに、コミュニケーション能力やプレゼンテーション能力にみがきをかけることも大切です。

自己管理の積み重ねが重要

ゲーム業界に限ったことではないかもしれませんが、若いうちはともかく、40代、50代、60代と歳を重ねていくと、心身の健康面や、時代に沿った発想ができなくなったなど、さまざまな理由で業界を去る人が現れます。一方、通常の会社なら定年を迎えている年齢でも、フリーランスとして活躍している人も存在します。長く働き続けるためには、不摂生を行わない、定期的な運動を行う、などといった体調管理が大切です。

自己管理というのは、何も体の健康だけではありません。先に書いた情報のインプットを絶やさないことは、歳を重ねるごとにその重要度が上がっていきますし、実際の作業のなかでも、常に精神的な若さを保ち、時流に合わせた表現に挑み続けることが求められます。

何ごとにおいても挑戦する気持ちを絶やさず、心身ともに健康と若さを保ち、長いあいだ働き続けられる人をめざしましょう。

自分の適性を確かめるには？

自分で体験をしなければ、自分にゲーム業界で仕事をする適性があるかどうかもわかりづらいと思います。専門学校などでチーム制作の空気感やゲームづくりを学ぶという道もありますが、ほかにもゲーム業界でアルバイトをする選択肢があります。

デバッグを行い、不具合を見つけ出す品質管理や、ユーザーからの意見をチェックするカスタマーサポート、さらには語学力があるならローカライズにおける翻訳のチェックなど、アルバイトにはさまざまなものがあります。

実際に自分の足でゲーム会社へと赴き、仕事のなかでゲーム業界の人たちに接することで、業界の風土・空気感を知ることができるのはもちろん、自身に向いているかどうかも判断ができるのではないでしょうか。

また、なかにはアルバイトから始めて、仕事が評価されて正社員として登用され、最終的にはゲームづくりの指揮をとる立場になる人も存在します。ゲーム業界を将来の選択肢の一つとして考えているなら、アルバイトなどでゲーム業界を覗いてみるのもいいかもしれません。

ゲーム業界で働くための資格と進路

自分の進路に合わせたいろいろな選択肢

資格や技術は必要？

ゲーム業界の場合、募集のさいに必須となる技術や資格を示している会社は多くありません。

ですが、進みたい分野によっては、もっておいて損がない資格も存在します。

たとえば、独立行政法人情報処理推進機構の基本情報技術者試験があります。これは、情報処理の国家試験です。ゲームをつくるのに必須の資格ではありませんが、プログラミングなどの情報処理に関する基本的な技術や知識があることを証明する資格になります。

ＩＴ業界の会社では、この資格をもっていなければ受験できない企業などがあり、ゲーム業界では、結果的には資格をもっていた人が採用されることが多かった、というケースもあります。

公益財団法人画像情報教育振興協会のＣＧ－ＡＲＴＳ検定というものもあります。ＣＧ制作の技術や知識、ソフトウエアを効果的に使用できているかが求められる「ＣＧクリエイター検定」、ＣＧに関するソフトウエアなどの開発能力が問われる「ＣＧエンジニア検定」などがあり、ＣＧにたずさわる職種をめざす場合は、取得しておくことで自身に技術があることを証明することができます。

大学へ行く？　専門学校へ行く？

ひと口にゲーム業界といっても、さまざまな職種があります。また、大切とされる柔軟な思考力や好奇心、何ごとにも挑戦しようとする気持ちなどを考えると、自分の好きなことが学べる大学・学部に行くのも一つの考え方です。一般大学で自分のやりたい分野を学び、卒業した後、ゲーム業界に入る人はたくさんいます。

さらに、たとえば、キャラクターデザインを仕事にしている人は美術大学、作曲家は音楽大学など、専門の大学や学部で学んだ人も多くいます。そのように、自分の将来なりたい職種を念頭に学部を選ぶという道もあります。

昨今ではゲーム開発に直接つながる学科や学部も増えており、コンピュータ技術や画像処理などを学べる大学もあります。

専門学校を通して業界のことを学び、ゲーム業界の仕事へ就くという道もあります。

以前からプログラミング、イラストといった分野の専門学校は存在しましたが、直接ゲームの分野を学べる学校はあまりありませんでした。ですが、ゲームの普及やゲーム業界の発展とともに、ゲーム専門学校も増えています。

そのような専門学校の一つである、大阪・東京・愛知に所在するＨＡＬ*では、ゲーム業界で働く人たちが講師となり、学生同士でチームを組んでのゲーム制作など、ゲーム会社にとって即戦力となる実践的な授業が行われます。

たとえば特徴的な授業として、実際の企業と連携してゲーム制作を行うケーススタディがあります。

企業がＨＡＬにクライアントとして依頼をし、学生が依頼に合わせた作品を制作して、納品までを行うというものです。そこでは、プロとして制作スケジュールの管理もしなければなりませんし、作品のクオリティーも求められるため、学生のうちからプロ意識を向上させることにつながります。

企業から招いた人事担当・制作担当者に学生が作品をアピールする機会を設けたり、実際の企業現場で仕事を行うインターンシップ制度があったりなど、企業と連携したゲーム

*専門学校HAL https://www.hal.ac.jp/

業界への就職サポートに力を入れています。

　現在はゲームエンジンの登場によってゲーム制作のハードルはかなり下がってきており、制作環境と参考にするインターネットのサイトや書籍があれば、ある程度のゲームは個人でも制作が可能です。そんななか、ＨＡＬではプロが使用しているものと同じ機材を用意し、プロと同じ開発環境で学生がゲーム制作を行い、学校で身につけた技術をそのまま会社で使うことができます。

　このように、ゲーム業界へ向かう道はさまざまですが、「この資格を取ったら、必ずゲーム業界に入れる！」というものはないので、自分の適性を考慮し、ゲーム業界のどんな職種に就きたいかをよく考えて、進路を決めることが大切です。

　ＨＡＬに在籍している学生の声をいくつか紹介しましょう。

ゲーム授業のようす　　専門学校HAL（東京・大阪・名古屋）提供

高田桃伽さん　3年生

ゲームが好きなのと、お話づくりが好きだったことから、現在はゲーム企画コースの3年生に在籍し、ゲームプランナーをめざして勉強しています。

ＨＡＬはチーム制作があり、そのときはほかの学生といっしょに、いかに楽しいゲームをつくれるかという点に集中して取り組みます。チームにはだいたい一人か二人くらいプランナーを担当する人がいますが、みんなの意見を取り入れた企画をつくることには、難しさもあります。ですが、制作しているときは、放課後も学校に居残り続けて作業をしていると、文化祭の前日のような空気があり、とても楽しいです。

よい意味で学生と先生方の距離感が近く、わからないことがあったとき、先生方がこちらの質問にちゃんと答えてくれるのもこの学校ならではだと思います。

将来的には親が子どもにゲームを買って、いっしょに遊ぶ。そんな親子が仲良くなるきっかけになる作品をつくりたいと思っています。

中川綾人さん　4年生

僕(ぼく)は４年制大学の機械工学科に通っていたのですが、勉強していくなかで、ほんとうに自分が機械工学を仕事にしていいのか、悩(なや)み始(はじ)めました。そこで、あらためて自分の進みたい道を考えました。

そのときに、ずっと楽しく遊んでいたゲームの世界で働けないかと思い、業界に就職する、より近い道として、大学を卒業してからＨＡＬに入学したんです。

カリキュラムは専門的な知識が身につくものなので、実践(じっせん)的だと感じます。それだけではなく、ＨＡＬでは、「社会人として身につけるべき人間教育」を大事にしているので、社会に出るときに必要な礼儀(れいぎ)作法など、一人の人間として基本的なこともあらためて学ぶことができたと思います。

僕(ぼく)はプログラマーとしての勉強をしており、現在、福岡のゲーム会社に内定をいただいています。将来的にはアーティストとプログラマーの橋渡(はしわた)しなどを行うテクニカルアーティストという職種につき、アーティストのワークフロー改善を行える人材になっていきたいですね。

収入と生活

自分に見合った働き方ができる会社が多いのが魅力

給与

さまざまな人たちが働くゲーム業界ですが、新卒として会社に入る場合、部署や会社の規模によって給与は違ってきます。しかし、おおむね４年制大学卒業の事務職と同じくらいの給与が一般的です。

２０１９年にコンピュータエンターテイメント協会がゲーム会社の約３０００人にアンケート調査をした結果をみると、ゲームメーカーに勤める人の年収は５５０万円前後が多いようです。しかし、才能が見込まれれば、その才能に対して対価が支払われることがあるのもゲーム業界です。その能力を求める別の会社からスカウトされたりすれば、条件も良くなります。

労働環境

ゲーム業界の黎明期は、まだ就業環境が確立されておらず、泊まり込みや残業があたりまえのようなときもありました。それは、単に就業規則の問題だけでなく、ゲーム業界の規模が小さく、志のある少数で制作していたこと、自分たちが新しいエンターテインメントをつくるという意気込みに燃えていた若者の集まりであったからかもしれません。

そのころのイメージが強く、今でも「ゲーム業界は、残業などが多くて大変」という印象をもつ人もいますが、実際は違います。

ゲーム業界そのものが大きくなって働く人が増えたこともあり、現在では労働環境の改善が進み、ほかの業界と変わりのない労働時間の企業がほとんどです。

基本的には週5日勤務の土日・祝日が休日で、制作の現場にたずさわる部署の場合、日々の労働時間の長さや、始業、終業時刻を調整できる「フレックスタイム制」や「裁量労働制」を採用している企業が多くあります。

「フレックスタイム制」とは、会社に来る時間や働く時間を自分で決めることができる制度です。1カ月に働く時間は、あらかじめ決められていますが、朝出勤する時間を11時にしようとか、月曜日は20時まで働くけれど、金曜日は17時までで帰るというように、自分の都合で日々の働く時間を決めることができます。会社によっては、「コアタイム」という、必ず出勤していなければいけない時間帯を決めているところもあります。たとえば、13時から16時までがコアタイムの会社では、その時間内に会議をしたりします。

「裁量労働制」とは、たとえばあらかじめ1カ月に１６０時間働くとみなして、実際の労働時間が１５０時間でも１７０時間でも、一定の成果を上げることで同じ給与を支払うという制度です。仕事のやり方や時間配分が働く人の裁量に任されるクリエーター関係の職種や会社で、多く採用されています。

ただし、ものづくりの現場なので、ゲームの開発終盤に入った追い込みの時期などは、どうしても残業が多くなることもあるようです。

女性も働きやすくなったゲーム業界

黎明期には、圧倒的に男性が多いゲーム業界でしたが、時とともに女性の姿も多く見られるようになりました。最近では、リーダーなどの管理職の女性も増えてきました。労働環境の改善や、フレックスタイム制、裁量労働制の導入もあり、私生活や家庭の事情などを考慮できる働きやすい職場になってきています。今までは女性が少なかった業界なので、産休・育休制度がないところも多かったのですが、産休・育休制度への法的に準拠した対応はもちろん、それ以上に改善を進めている企業が増えています。

また、ゲームもさまざまな種類があるので、女性特有の感性などが活かされるものもあり、これからはますます女性の進出が見込まれます。

フリーランスは自由だけれど……

フリーランスとして活動する場合は、業務形態や収入は個人によってまったく変わってきます。引き受けた仕事の分だけ収入があり、会社に出勤する必要がなく、休みも自由に取れる、というと会社員よりも楽な印象を受けますが、実際は仕事の受注から報酬の交渉、スケジュール調整、機材の用意、福利厚生など、すべてを自分で管理しなければならないため、会社員以上にコミュニケーション能力や自己管理能力が求められます。

独立してゲーム会社を設立する人や、個人でインディーズゲームを開発し、インターネット上のサービスなどを使って配信する人もいますが、制作するうえで自由につくれる分、すべての管理を自分たちで行わなければならないという難しさがあります。

ゲーム制作のなかで、たとえば、音楽などはフリーランスの作曲家に依頼をすることも多いのですが、そういう人たちはすでに実績があって、その音楽性などを見込まれて依頼される場合が多いです。

フリーランスは仕事の受注や作品の質もすべて自分しだい

そのため、会社を設立するにせよ、フリーランスにせよ、大学や専門学校を出てすぐに起業したりフリーランスになるのではなく、企業に勤めて技術を習得し、さらには業界で知り合った人たちとの人脈や、ある程度の実績を築き上げてから独立するほうがよいでしょう。

繁忙期は職種でまちまち

ゲーム業界は、前述したように、フレックス制や裁量労働制を採用している会社も多く、その職種によって働く時間や1日の過ごし方も日によって違います。忙しさも、時期や働く人の部署、職種によって変わっていきます。さらに、1本の作品に数年かかる場合もあるので、年単位で忙しさにも差があります。

・ディレクター、プロデューサー

最初から最後まで、ゲーム全体の進行をまとめてコントロールする立場にいるため、企画時はプランナーやメーンとなるスタッフ陣、その後の制作時には仕上がった画面や音などの素材をチェックするなど、打ち合わせをすることが多いです。また、現場での作業を得意とするディレクターなどの場合は、みずからも作業に参加することがあります。

そのため、制作期間中は社内や外注先のスタッフとの会議が多く、制作の終盤になればなるほど忙しくなるでしょう。

作品と作品の合間の、つぎの作品を考えている期間などは、比較的ゆるやかなスケジュールになります。

・プランナー

ゲームの世界観や遊ぶためのシステムなど、ゲームを構成する要素がまとめられた「仕様書」を書くプランナーは、企画の立案の後も、制作の主要なポジションとして活躍する必要があります。そのため、プランナーもゲーム開発中、特に終盤は忙しくなります。

・シナリオライター

ゲームのストーリーを書くシナリオライターは、ディレクターやプランナーとともにプロットを考える場合や、提示されたプロットを元にシナリオを書く、シナリオの一部分だけを書くなど、さまざまな仕事があります。シナリオはほかのスタッフにとっての道しるべにもなるため、開発の初期に用意されていなければなりません。そのため、開発初期に作業が集中し、書き上げた後は、細かい修正や、追加されるシナリオの執筆(しっぴつ)を行います。

・イラストレーター

ゲームに登場するキャラクターや小道具などのデザインを行うイラストレーターの場合は、まずディレクター、プランナーとの打ち合わせをし、シナリオを元にイメージを固め、デザインを固めていきます。デザインがなければ、キャラクターを3Dモデルに起こすこともできないため、シナリオと同様、開発初期に多くの作業が発生します。キャラクターなど、メインとなる要素のデザインを仕上げた後は、作中に登場するアイテムのアイ

ゲーム全般の流れを支えるシナリオづくり

コンなど、細かい作業に加え、パッケージイラストを描く場合もあります。

・作曲家

ゲームの作曲家は、シナリオや仕様書からゲームのイメージを摑みつつ、ゲーム中で使われる音楽を書き上げていきます。ときには、「楽しいシーンで流れる曲」といった指定を受けて、作曲を行うことがあります。音楽もゲームのイメージをつくるものなので、もっとも忙しくなるのは開発初期から中期の時期です。

・プログラマー、グラフィックデザイナー

さまざまな素材を元に、ゲームの仕組みとなるプログラムや画面構成を考えていくプログラマーとグラフィックデザイナーは、ゲームのストーリーやキャラクターのイラストなどが決まってから仕事が始まります。ある程度の時期までは通常のペースで仕事を行っていても、開発終盤の追い込みの時期には、とても忙しくなります。

・品質管理

ゲームの不具合を探すデバッグ作業を行う品質管理のスタッフは、その性質上、ゲームの終盤に忙しさが集中し、締め切りとの闘いになります。そのため、一人当たりの勤務時間などが長く延びすぎないよう、アルバイトスタッフや、外注などにも依頼しつつ、作業を進めていきます。商品として発売された後にも、バグの修正や新しいイベントの追加などの作業が続きます。

これらはほんの一例ですが、多くの場合、追い込みの時期である開発終盤に忙しさが集中します。また、どの仕事も、フリーランスとして複数の仕事を並行している場合などは、一つが終わったらつぎの現場に……と、常に忙しい日々を過ごすことになります。

さらに、ゲームの完成間際や直後には、一般の人でも知っているプロデューサー、ディレクターなどの主要スタッフ、イラストレーターや作曲家の人は、宣伝のためのイベントなどに、そのゲーム会社の顔として登壇する仕事が発生することもあります。

これからのゲーム業界

最新技術を駆使し国内、海外で市場拡大

ゲーム市場の拡大

ここまで紹介してきたように、ゲームは時代とともに変化し続けています。現在ではゲームといっても、誕生当初から存在しているシンプルなグラフィックのものから、最新技術を活かした作品まで、その形もさまざまです。

市場の動きも大きく、2011年ごろからのスマートフォンの普及にしたがい、スマートフォン向けのゲーム市場が拡大。世界のモバイルゲームプレーヤーはおよそ15億人にものぼり、国内でも、その市場の規模は約1兆円といわれています。

一方、家庭用ゲームも、2018年には、発売から3日間で7億2500万ドル（約820億円）の売り上げを達成したアメリカ製の作品も登場し、盛り上がりを見せています。

ｅスポーツのこれから

競技としてゲームを取り扱うｅスポーツの普及はこれからも広がっていくことが予想されています。国内でさまざまなゲームの大会が行われていることはもちろん、欧米では数千万円単位の高額な賞金の大会も頻繁に開催されています。

アジアオリンピック評議会は、２０２２年のアジア競技大会で、公式スポーツプログラムにｅスポーツを採用することを発表しており、その影響を受けて２０２２年までには29・6億ドル（３４００億円）以上の巨大な市場になるとの予想があります。

ゲーム以外でも活用されていくＶＲ

ＶＲは、ゲーム機やコンピュータに接続せずに、ヘッドマウントディスプレーだけで手軽にゲームや映像鑑賞を楽しめる「スタンドアロン」方式の機器が登場しています。今後さらにＶＲの普及が進めば、ＶＲ技術は、ゲーム以外にも、ヘッドマウントディスプレーを被って仮想空間で会議をするなど、さまざまな応用が考えられます。

最終的には視界の中に現実世界とＣＧが融合して見える、ＭＲ（ミックスドリアリティー）の機器も登場することが考えられます。そうなったときには、リアルタイムに現実とＣＧを融合させた新しいエンターテインメントが登場するでしょう。

「クラウドゲーミング」という新しい形

新たな試みとして、グーグルやマイクロソフトなどの会社が、インターネットのサーバー上でゲームの処理を行い、ネットを介してプレーヤーの操作に応じた映像や音声などの情報をプレーヤーの画面に表示させる、「クラウドゲーミング」というサービスに力を入れています。

従来ならば高価なゲーム機でしか動作しなかったゲームを、定額制のサービスに加入さえしていればスマートフォンなどで楽しむことができる方式ですが、現在のインターネットの速度ではプレーヤーの操作に対する反応に遅延が生まれることや、サーバーにアクセスが集中した場合は、ゲームがしづらい状態に陥ることなど、まだまだ課題も残っています。

ですが、今私たちが遊んでいるゲーム機も、かつてはドット絵のグラフィックのゲームでしか遊ぶことができず、今のようなリアルな３ＤＣＧのグラフィックで、映画のような体験をプレーヤーに提供する作品は、誰もが夢見るものでしたが、実現できない存在でした。

そのように、クラウドゲーミングも、コンピュータやインターネットの発達によって、遅延もなく快適に遊べる時代が来るかもしれません。

まだまだ進化するゲーム業界

今まで述べてきたように、ゲーム業界は、市場も新しい技術も、ものすごい早さで拡大していきます。ゲームの世界は、1年前にできなかったことが、現在は簡単にできるようになるなど、刻一刻と変化するのも特徴の一つといってよいほどです。eスポーツのように、ゲームを使った新しいエンターテインメントも生まれてきています。

どんどん大きくなってきているゲーム業界ですから、新しい発想と技術をもった若い人たちがとても求められています。特に、進化を続けるゲーム業界のスピードに追いつき、臨機応変に対応できる柔軟性のある人が望まれているのです。

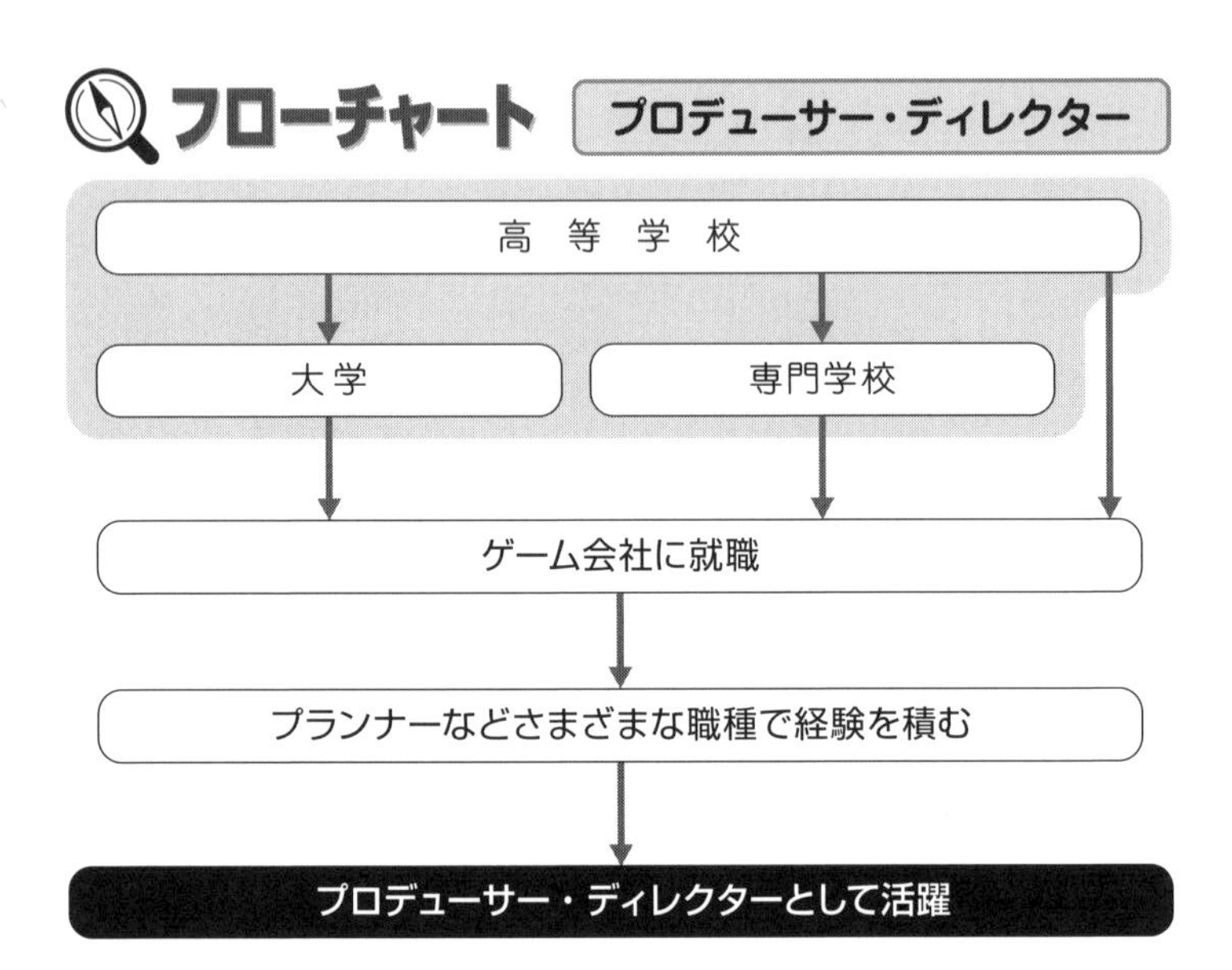
フローチャート
プロデューサー・ディレクター
高　等　学　校
大学
専門学校
ゲーム会社に就職
プランナーなどさまざまな職種で経験を積む
プロデューサー・ディレクターとして活躍

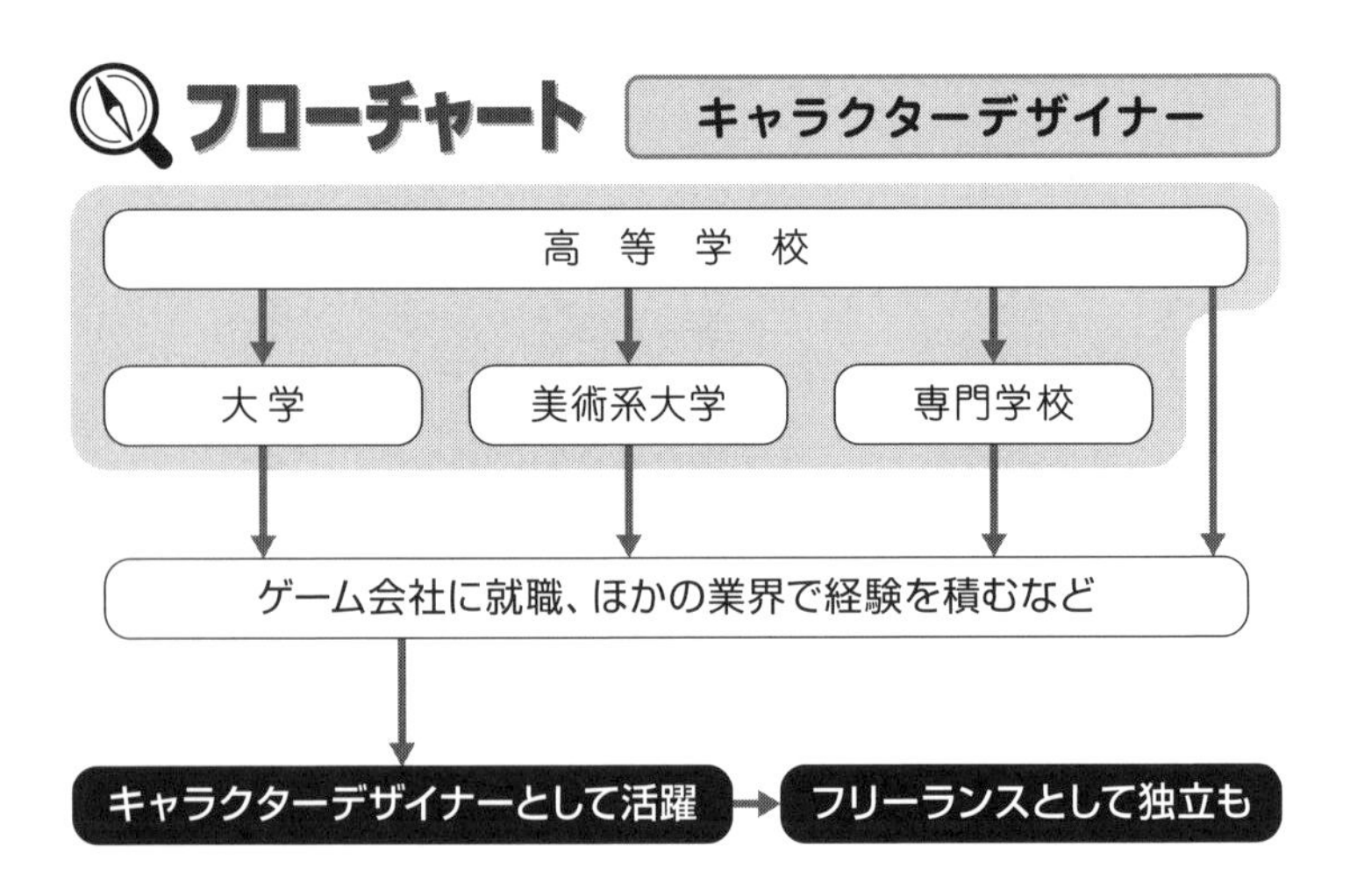
フローチャート
キャラクターデザイナー
高　等　学　校
大学
美術系大学
専門学校
ゲーム会社に就職、ほかの業界で経験を積むなど
キャラクターデザイナーとして活躍
フリーランスとして独立も

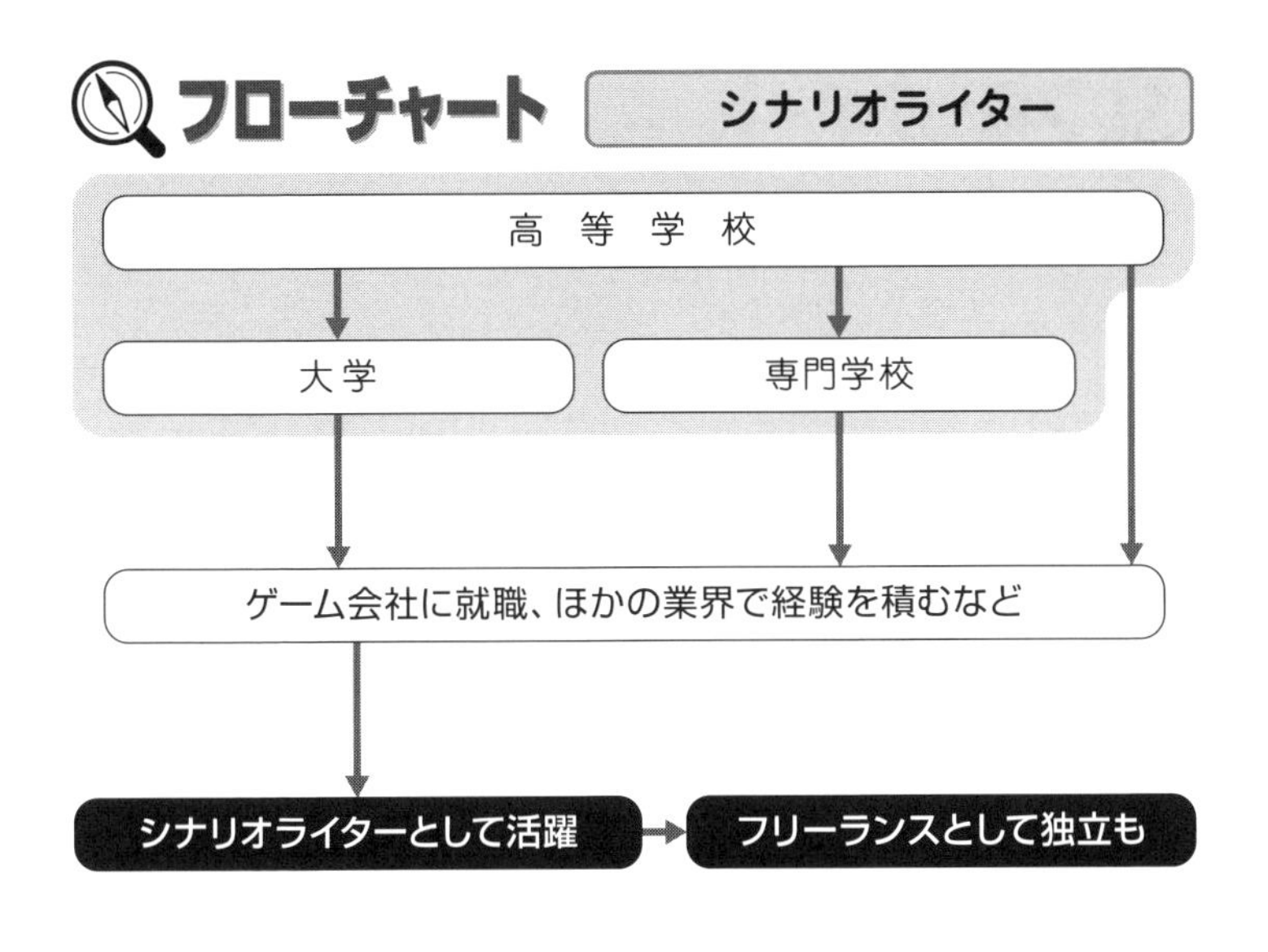
フローチャート
シナリオライター
高等学校
大学
専門学校
ゲーム会社に就職、ほかの業界で経験を積むなど
シナリオライターとして活躍
フリーランスとして独立も

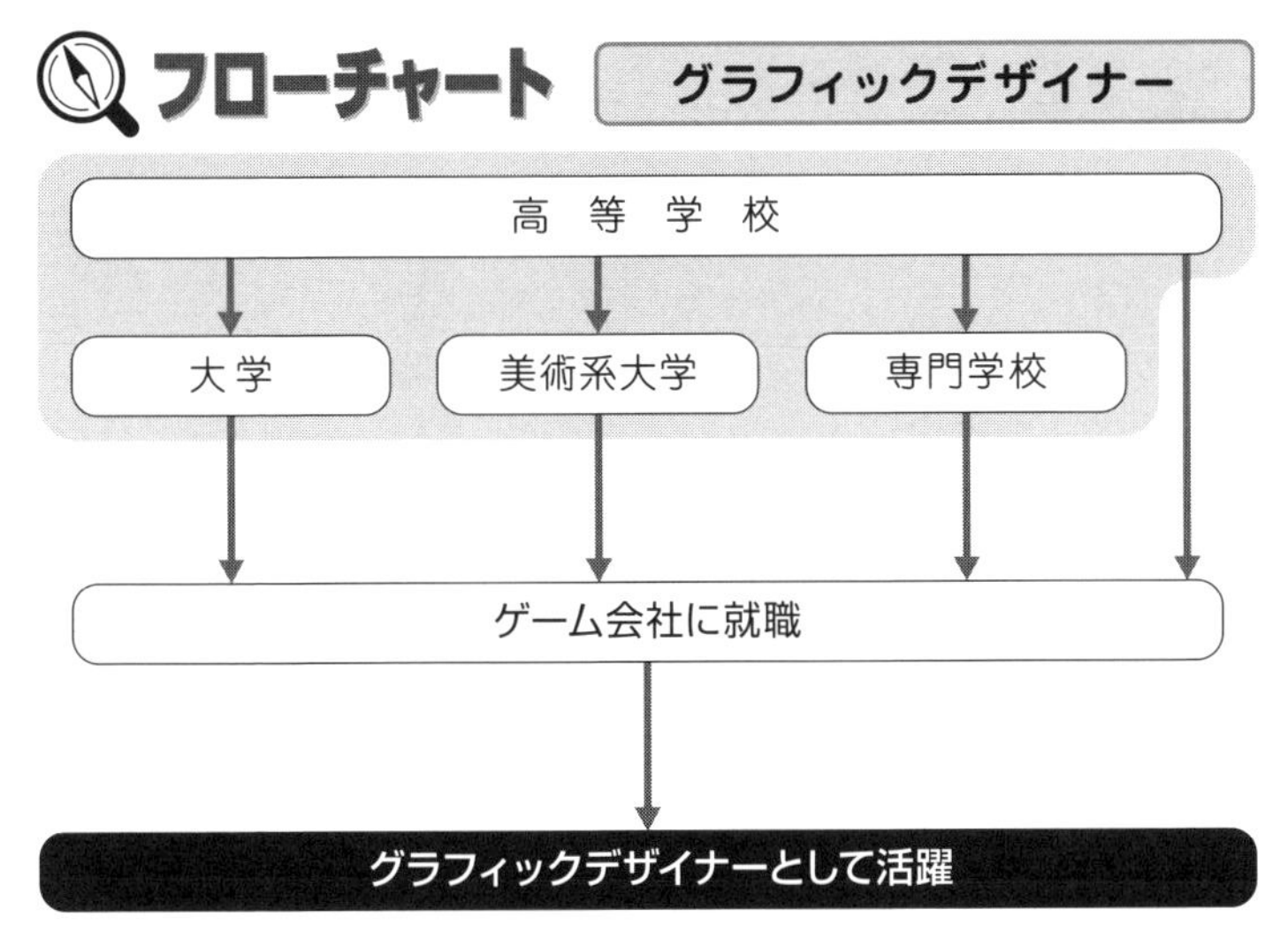
フローチャート
グラフィックデザイナー
高等学校
大学
美術系大学
専門学校
ゲーム会社に就職
グラフィックデザイナーとして活躍

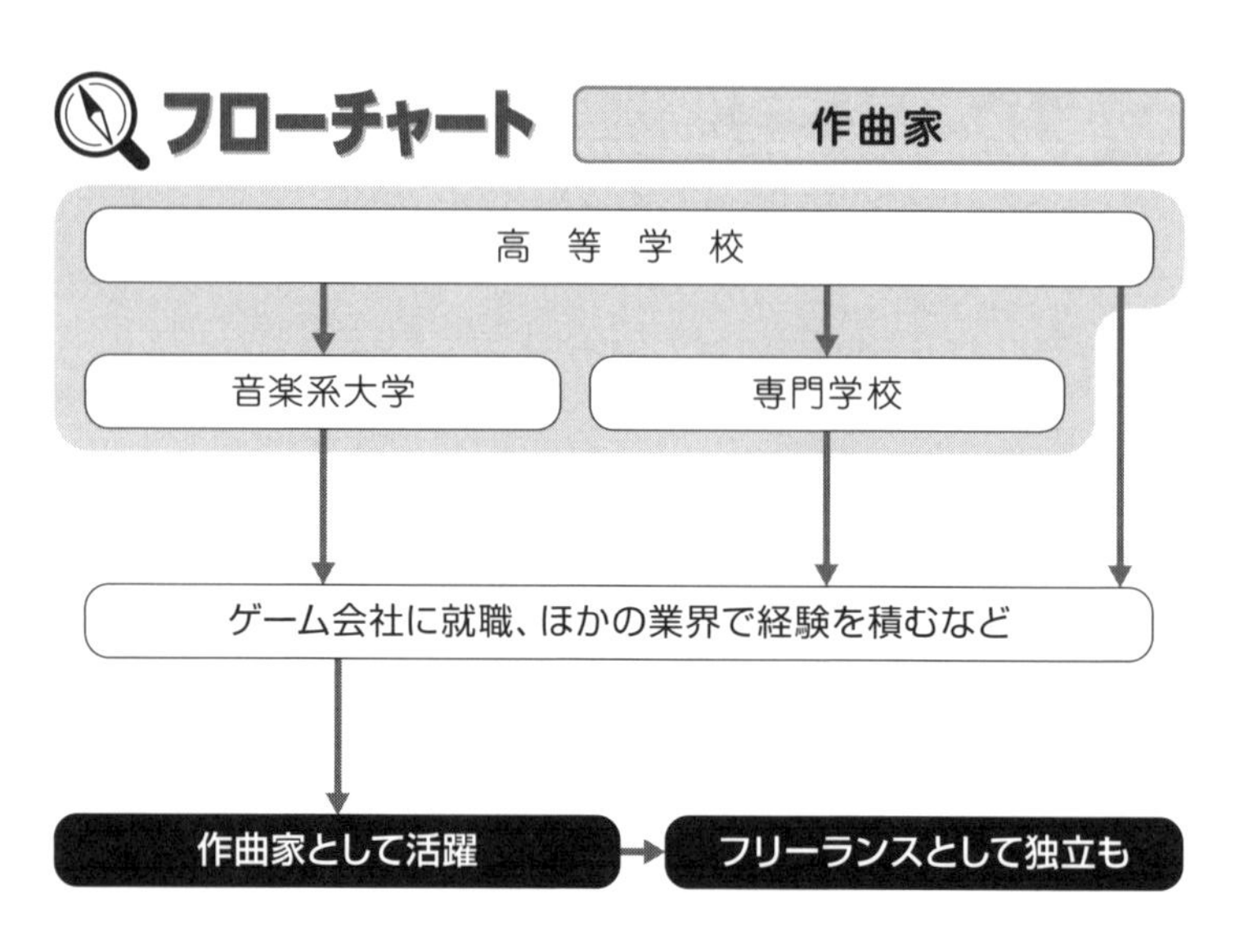
フローチャート
作曲家
高 等 学 校
音楽系大学
専門学校
ゲーム会社に就職、ほかの業界で経験を積むなど
作曲家として活躍
フリーランスとして独立も

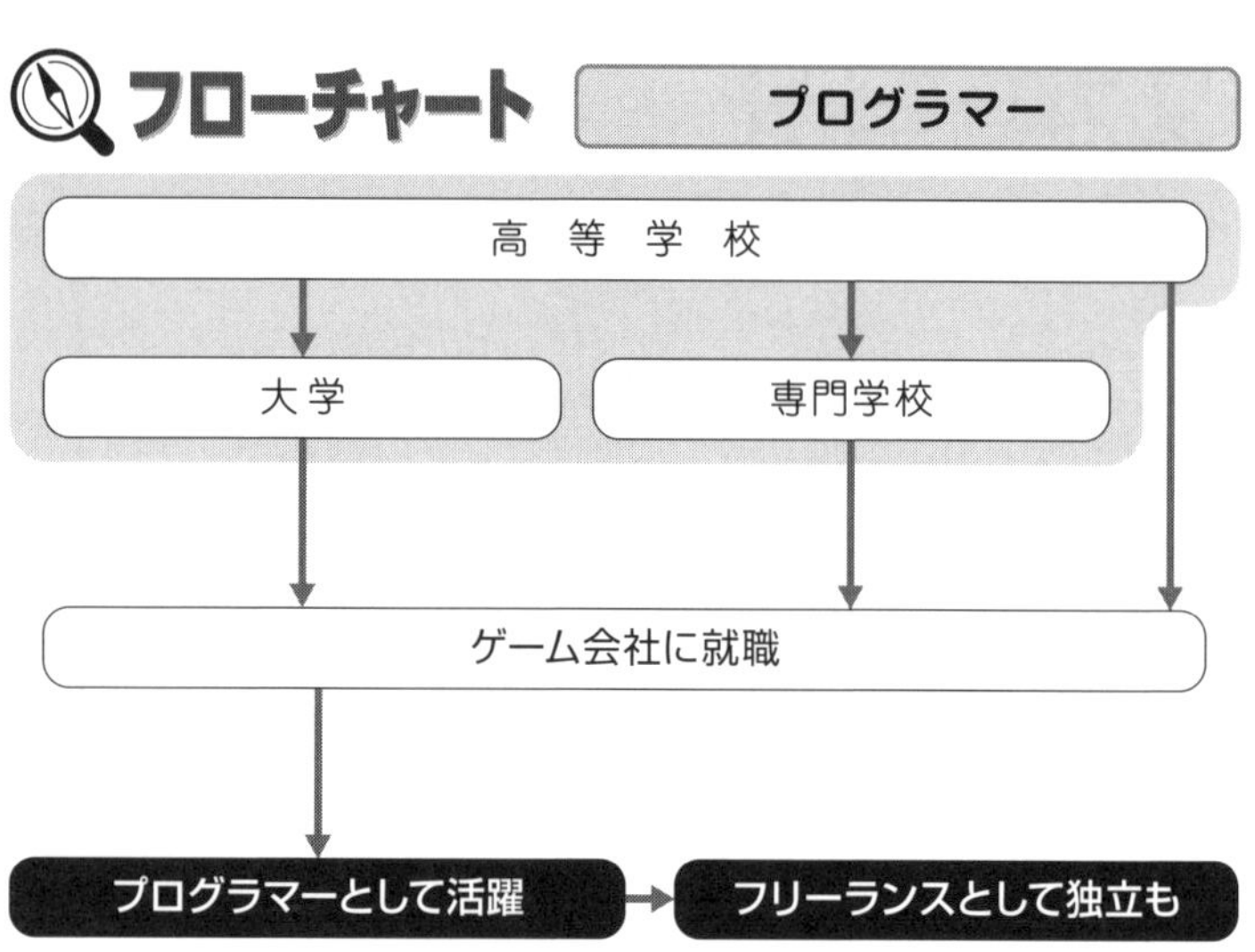
フローチャート
プログラマー
高 等 学 校
大学
専門学校
ゲーム会社に就職
プログラマーとして活躍
フリーランスとして独立も

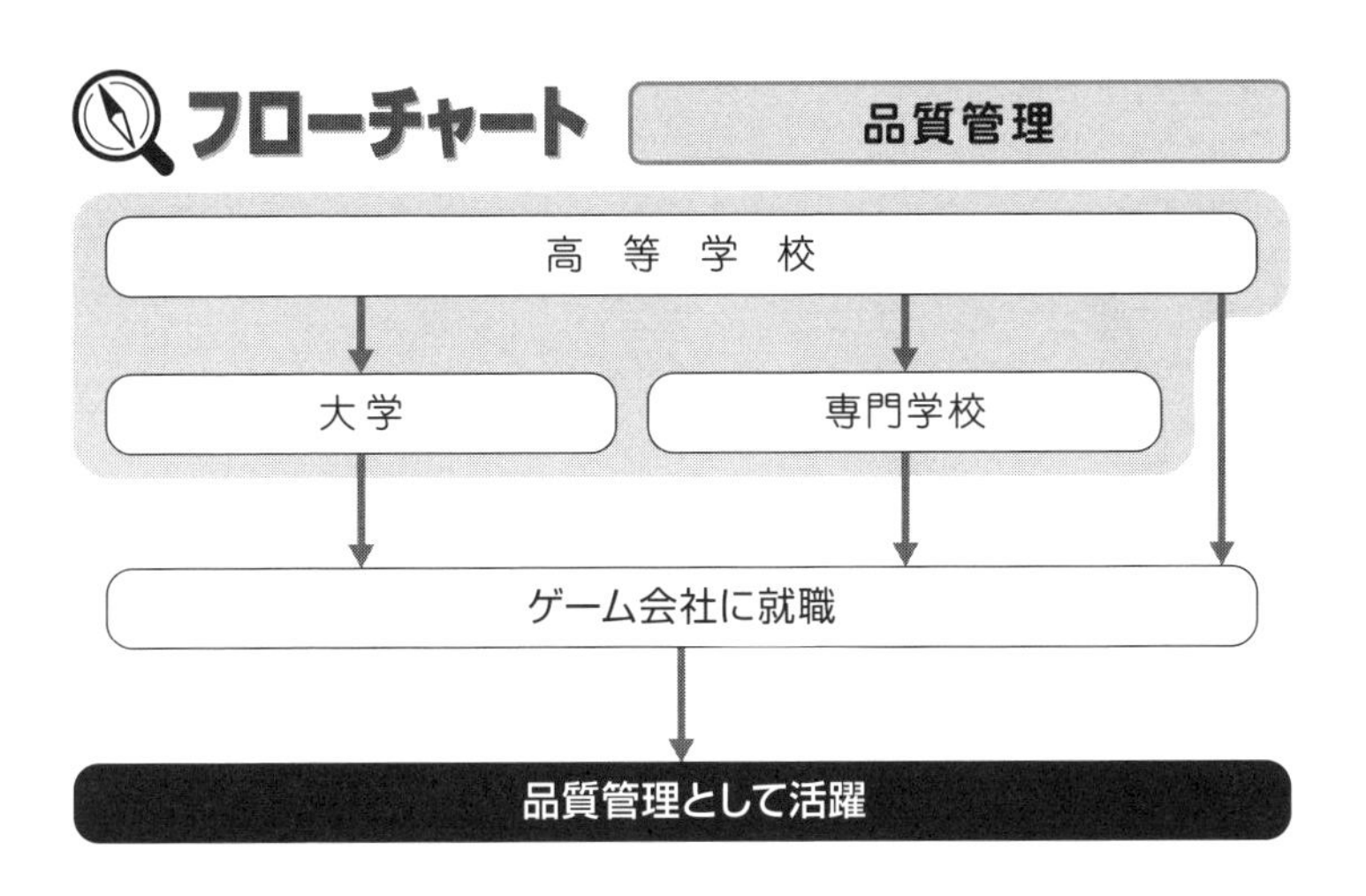
フローチャート
品質管理
高等学校
大学
専門学校
ゲーム会社に就職
品質管理として活躍

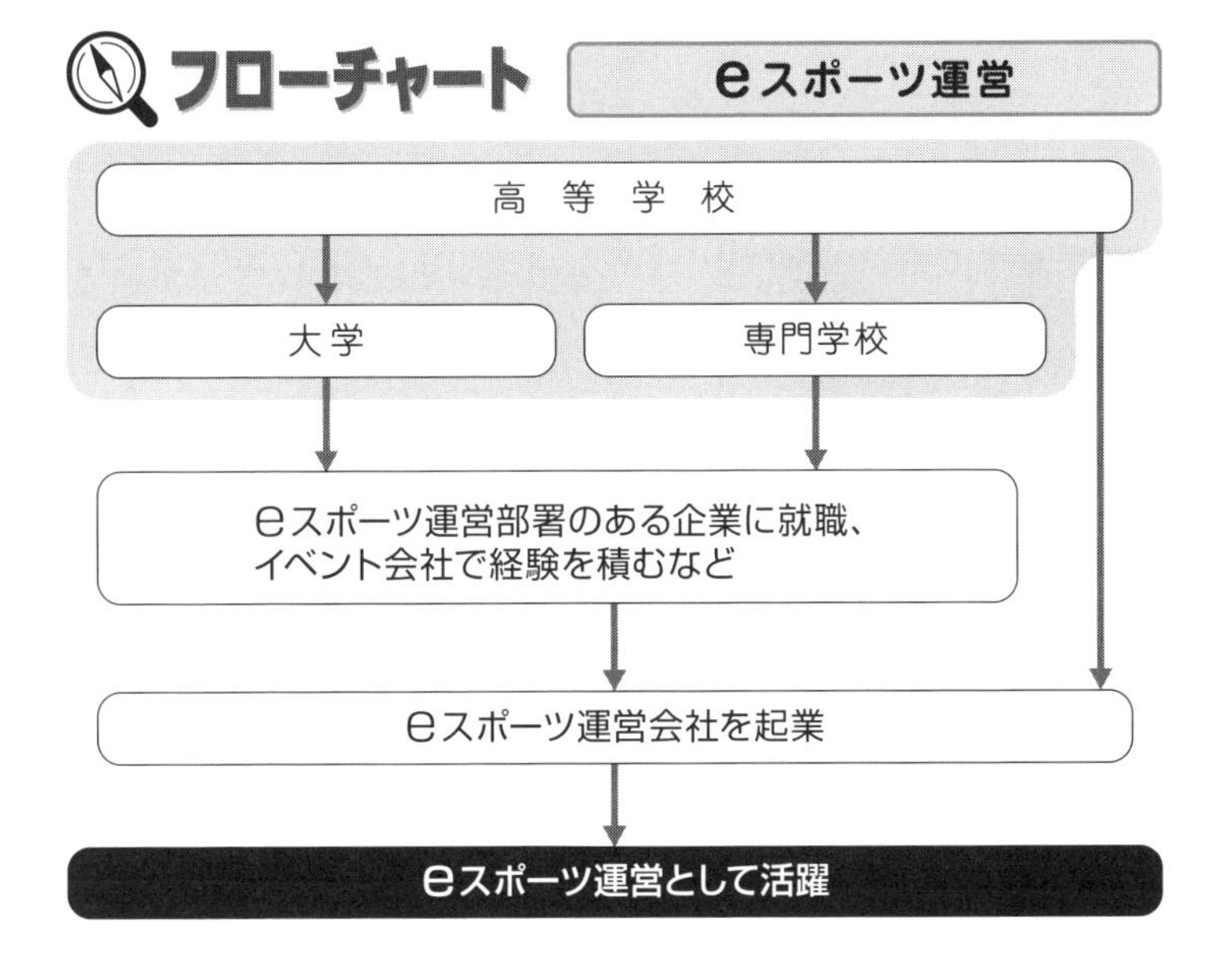
フローチャート
eスポーツ運営
高等学校
大学
専門学校
eスポーツ運営部署のある企業に就職、
イベント会社で経験を積むなど
eスポーツ運営会社を起業
eスポーツ運営として活躍

なるにはブックガイド

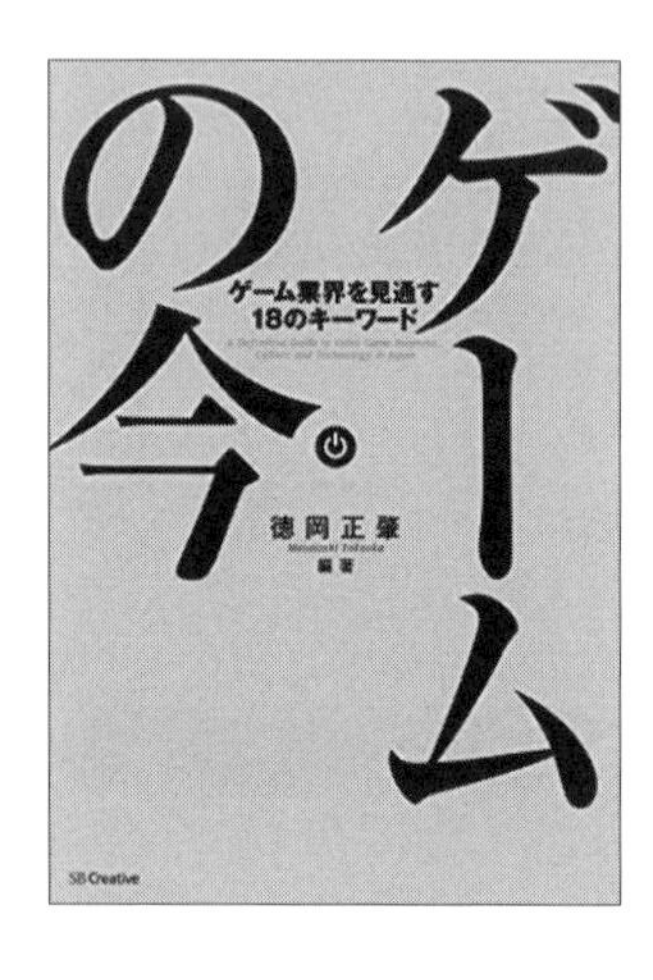

『ゲームの今――ゲーム業界を見通す 18 のキーワード』

徳岡正肇著
SB クリエイティブ

ゲームと流通の話から、近年急速に力を伸ばしているモバイルゲーム業界、ゲーム配信からゲームエンジンの話まで。「ビジネス」「カルチャー」「テクノロジー」の３部構成で、ゲーム業界の現状が語られています。

『e スポーツのすべてがわかる本』

黒川文雄著
日本実業出版社

現在話題を集めている、ゲームを競技化した「e スポーツ」。時代の最前線で、どのようなチャレンジが行われているのかが網羅されています。競技となるゲーム、金銭事情、世界での動きなど、その流れを知りたい方にお勧めです。

**『日本ゲーム産業史――
ゲームソフトの巨人たち』**

日経 BP 社 ゲーム産業取材班著
日経 BP

コンピュータゲームの登場から、現在に至るまで成長を続けてきた日本のゲーム業界には、どのような歴史があったのかを知ることができる一冊。関係者の証言も交えつつ、今では広く知られているヒット作が誕生する経緯がわかります。

**『VR が変える――
これからの仕事図鑑』**

赤津慧著　鳴海拓志監修
光文社

VR や、次世代の通信規格「5G」によって、私たちの日常生活や仕事には、どのような変化がもたらされるのか。業界に及ぼす変化や、新たに生まれるであろう仕事など、さまざまな可能性がシンプルにわかりやすく書かれた一冊です。

職業MAP！ 興味があるのはどの仕事？

体力勝負！

警察官　海上保安官　自衛官
宅配便ドライバー　消防官
警備員　救急救命士
照明スタッフ
イベントプロデューサー　音響スタッフ
身体を活かす

地球の外で働く
宇宙飛行士

飼育員　市場で働く人たち
動物看護師　ホテルマン

乗り物にかかわる
船長　機関長　航海士
トラック運転手　パイロット
タクシー運転手　客室乗務員
バス運転士　グランドスタッフ
バスガイド　鉄道員

学童保育指導員
保育士
幼稚園教諭
子どもにかかわる
小学校教師　中学校教師
高校教師

言語聴覚士
栄養士　視能訓練士　歯科衛生士
臨床検査技師　臨床工学技士
診療放射線技師
理学療法士　作業療法士
助産師　看護師
歯科技工士　薬剤師

特別支援学校教師
養護教諭　手話通訳士
介護福祉士
ホームヘルパー
人を支える
スクールカウンセラー　ケアマネジャー
臨床心理士　保健師
児童福祉司　社会福祉士
精神保健福祉士　義肢装具士

銀行員
地方公務員　国連スタッフ
国家公務員
日本や世界で働く
国際公務員
東南アジアで働く人たち

小児科医
獣医師　歯科医師
医師

アウトドアで働く

スポーツ選手 登山ガイド 漁師 農業者
冒険家 自然保護レンジャー
青年海外協力隊員 観光ガイド

芸をみがく

ダンサー スタントマン
俳優 声優
お笑いタレント
映画監督
クラウン
マンガ家
カメラマン
フォトグラファー
ミュージシャン
和楽器奏者

笑顔で接客する

料理人 販売員
パン屋さん
ブライダルコーディネーター
カフェオーナー
美容師 パティシエ バリスタ
理容師 ショコラティエ
花屋さん ネイリスト

犬の訓練士
ドッグトレーナー
トリマー
自動車整備士
エンジニア
葬儀社スタッフ
納棺師

個性重視!

伝統をうけつぐ

気象予報士
花火職人
舞妓
ガラス職人
和菓子職人
畳職人
和裁士

イラストレーター **デザイナー**
おもちゃクリエータ

人に伝える

塾講師
日本語教師 ライター
絵本作家 アナウンサー
編集者 ジャーナリスト
翻訳家 作家 通訳

政治家
音楽家
宗教家
環境技術者
書店員
NPOスタッフ
司書
学芸員
秘書

ゲーム業界で働く人たち

ひらめきを駆使する

建築家 社会起業家
学術研究者
理系学術研究者
バイオ技術者・研究者
外交官

法律を活かす

行政書士 **弁護士** 税理士
司法書士 **検察官**
公認会計士 **裁判官**

知力を活かす!

[著者紹介]

小杉眞紀（こすぎ まき）

成城大学文芸学部卒業。編集アシスタントを経てフリーランスに。主に教育関係の雑誌や書籍の企画・編集およびライターとして活躍中。共著書に『アプリケーションエンジニアになるには』（ぺりかん社）ほかがある。

山田幸彦（やまだ ゆきひこ）

和光大学表現学部総合文化学科卒業。大学在学中から、ライターとして活動を始める。現在は、雑誌やウェブ媒体にゲームをはじめ、特撮、アニメなどの取材記事を執筆している。共著書に『アプリケーションエンジニアになるには』（ぺりかん社）ほかがある。

ゲーム業界で働く

2020年 6 月25日　初版第1刷発行
2021年10月25日　初版第3刷発行

著　者　　小杉眞紀　山田幸彦
発行者　　廣嶋武人
発行所　　株式会社ぺりかん社
〒113-0033　東京都文京区本郷1-28-36
TEL 03-3814-8515（営業）
03-3814-8732（編集）
http://www.perikansha.co.jp/
印刷所　　大盛印刷株式会社
製本所　　鶴亀製本株式会社

ISBN978-4-8315-1569-8　Printed in Japan

【なるにはBOOKS】

税別価格 1170円〜1600円

❶——パイロット
❷——客室乗務員
❸——ファッションデザイナー
❹——冒険家
❺——美容師・理容師
❻——アナウンサー
❼——マンガ家
❽——船長・機関長
❾——映画監督
❿——通訳者・通訳ガイド
⓫——グラフィックデザイナー
⓬——医師
⓭——看護師
⓮——料理人
⓯——俳優
⓰——保育士
⓱——ジャーナリスト
⓲——エンジニア
⓳——司書
⓴——国家公務員
㉑——弁護士
㉒——工芸家
㉓——外交官
㉔——コンピュータ技術者
㉕——自動車整備士
㉖——鉄道員
㉗——学術研究者(人文・社会科学系)
㉘——公認会計士
㉙——小学校教諭
㉚——音楽家
㉛——フォトグラファー
㉜——建築技術者
㉝——作家
㉞——管理栄養士・栄養士
㉟——販売員・ファッションアドバイザー
㊱——政治家
㊲——環境専門家
㊳——印刷技術者
㊴——美術家
㊵——弁理士
㊶——編集者
㊷——陶芸家
㊸——秘書
㊹——商社マン
㊺——漁師
㊻——農業者
㊼——歯科衛生士・歯科技工士
㊽——警察官
㊾——伝統芸能家
㊿——鍼灸師・マッサージ師
51——青年海外協力隊員
52——広告マン
53——声優
54——スタイリスト
55——不動産鑑定士・宅地建物取引主任者
56——幼稚園教諭
57——ツアーコンダクター
58——薬剤師
59——インテリアコーディネーター
60——スポーツインストラクター
61——社会福祉士・精神保健福祉士
62——中小企業診断士
63——社会保険労務士
64——旅行業務取扱管理者
65——地方公務員
66——特別支援学校教諭
67——理学療法士
68——獣医師
69——インダストリアルデザイナー
70——グリーンコーディネーター
71——映像技術者
72——棋士
73——自然保護レンジャー
74——力士
75——宗教家
76——CGクリエータ
77——サイエンティスト
78——イベントプロデューサー
79——パン屋さん
80——翻訳家
81——臨床心理士
82——モデル
83——国際公務員
84——日本語教師
85——落語家
86——歯科医師
87——ホテルマン
88——消防官
89——中学校・高校教師
90——動物看護師
91——ドッグトレーナー・犬の訓練士
92——動物園飼育員・水族館飼育員
93——フードコーディネーター
94——シナリオライター・放送作家
95——ソムリエ・バーテンダー
96——お笑いタレント
97——作業療法士
98——通関士
99——杜氏
100——介護福祉士
101——ゲームクリエータ
102——マルチメディアクリエータ
103——ウェブクリエータ
104——花屋さん
105——保健師・養護教諭
106——税理士
107——司法書士
108——行政書士
109——宇宙飛行士
110——学芸員
111——アニメクリエータ
112——臨床検査技師
113——言語聴覚士
114——自衛官
115——ダンサー
116——ジョッキー・調教師
117——プロゴルファー
118——カフェオーナー・カフェスタッフ・バリスタ
119——イラストレーター
120——プロサッカー選手
121——海上保安官
122——競輪選手
123——建築家
124——おもちゃクリエータ
125——音響技術者
126——ロボット技術者
127——ブライダルコーディネーター
128——ミュージシャン
129——ケアマネジャー
130——検察官
131——レーシングドライバー
132——裁判官
133——プロ野球選手
134——パティシエ
135——ライター
136——トリマー
137——ネイリスト
138——社会起業家
139——絵本作家
140——銀行員
141——警備員・セキュリティスタッフ
142——観光ガイド
143——理系学術研究者
144——気象予報士・予報官
145——ビルメンテナンススタッフ
146——義肢装具士
147——助産師
148——グランドスタッフ
149——診療放射線技師
150——視能訓練士
151——バイオ技術者・研究者
152——救急救命士
153——臨床工学技士
154——講談師・浪曲師
155——ＡＩエンジニア
156——アプリケーションエンジニア
補巻22 スポーツで働く
補巻23 証券・保険業界で働く
補巻24 福祉業界で働く
補巻25 教育業界で働く
補巻26 ゲーム業界で働く
別巻 ミュージアムを知ろう
別巻 もっとある!小中高生におすすめの本220
別巻 中高生からの防犯
別巻 会社で働く
学部調べ 看護学部・保健医療学部
学部調べ 理学部・理工学部
学部調べ 社会学部・観光学部
学部調べ 文学部
学部調べ 工学部
学部調べ 法学部
学部調べ 教育学部
学部調べ 医学部
学部調べ 経営学部・商学部
学部調べ 獣医学部
学部調べ 栄養学部
学部調べ 外国語学部
学部調べ 環境学部
学部調べ 教養学部
学部調べ 薬学部
学部調べ 国際学部
学部調べ 経済学部
学部調べ 農学部

※一部品切・改訂中です。 2021.07.